U0338441

中国百年灾害回眸丛书

风雨同舟

夏明方　康沛竹　主编

中国社会出版社

国家一级出版社　全国百佳图书出版单位

图书在版编目（CIP）数据

风雨同舟 / 夏明方，康沛竹主编.--北京：中国社会出版社，2014.12

（中国百年灾害回眸）

ISBN 978-7-5087-4892-4

Ⅰ.①风… Ⅱ.①夏… ②康… Ⅲ.①灾害－历史－中国－1987~1999 Ⅳ.① X4-092

中国版本图书馆 CIP 数据核字（2014）第 272658 号

丛 书 名：中国百年灾害回眸
书　　名：风雨同舟
主　　编：夏明方　康沛竹

出 版 人：浦善新
终 审 人：张铁纲
责任编辑：杨春岩　陈贵红　　　责任校对：路　广

出版发行：中国社会出版社　　　邮政编码：100032
通联方法：北京市西城区二龙路甲33号
电　　话：编辑部：（010）58124828
　　　　　邮购部：（010）58124845
　　　　　销售部：（010）58124829
　　　　　传　真：（010）58124870
网　　址：www.shcbs.com.cn

中国社会出版社官方旗舰店

社会工作者考试教材唯一指定天猫店 THE ONLY DESIGNATED ONLINE BOOKSTORE

经　　销：各地新华书店

印刷装订：中国电影出版社印刷厂
开　　本：145mm × 210mm　1/32
印　　张：4
字　　数：60千字
版　　次：2015年1月第1版
印　　次：2015年1月第1次印刷
定　　价：15.00元

目录
Contents

一 春天里的一把火

——1987 年大兴安岭森林火灾

时至 1987 年，中国人民已经在改革开放的春风里沐浴了 9 个年头了。人民的生活，就如同当年全国春节联欢晚会上的流行歌曲《冬天里的一把火》，温暖无比。

谁曾想到，这首不胫而走的流行曲竟变成了一首谶谣。因为这支歌刚唱到 5 月，即在我国最重要的森林基地——大兴安岭引起燎原之势，最终导致新中国成立以来最大的森林火灾。当然，这是戏言。

从 5 月 6 日到 6 月 2 日，熊熊大火燃烧了整整 26 天，黑龙江漠河县城、9 个林场、70 万公顷森林、85 万方已伐林木、2488 台设备以及 325 万公斤的粮食、64.4 万平方米的房屋付之一炬，受灾群众 10807 户，56092 人无家可归，死亡 193 人，受伤 226 人，直接经济损失 15 亿元。

灾难并不仅仅是在逆境之中降临。

火 之 源

大兴安岭位于中国东北黑龙江省西、北部和内蒙古自治区东部，北起黑龙江，南至内蒙古西拉木伦河上游，西临呼伦贝尔草原，东与小兴安岭相望，总面积 2268 万公顷。

这里是中国最主要的林业基地。森林面积达 1344 万公顷，占全国森林面积的 11%，林木蓄积总量为 12.5 亿立方米，占全国总量 14%。在大火发生前的 1986 年，它曾向国家提供了 1009 万立方米的木材，占全国当年木材总量的 15.6%。

对东北地区而言，莽莽森林又是一个巨大的生态调节器。有人曾经做过这样的描述：

它像一道巨大的绿色长城，横亘在东北边境，抗御着西伯利亚的寒流，减缓着蒙古高原的旱风，改善着内蒙古东部和东北三省的气候；它像一座无形的巨大水库，吞吐着上百亿吨的水分，滋润着呼伦贝尔大草原和科尔沁草原，哺育着东北平原上的千万亩良田；它像一座净化空气的绿色工厂，每天吸收大量的二氧化碳和有害浮尘，吐出大量的新鲜氧气，调节和维持了我国东北地区良好的大气环境。

不过，这片被誉为"绿色金子的宝库"，也有她自身的脆弱因素。

整个林区地处高寒地带，深受贝加尔湖暖脊控制的气候影响，每年从 3 月 15 日到 7 月 15 日，这里都要刮起大风，且次数多、持续时间长。它使含水量已经极低的可燃物质的干燥程度更为严重，火情往往可达最高等级——5 级，即强烈燃烧级。据专家分析，此前历史上 25 起特大火灾，就有 20 次发生在这种暖脊气流控制的天气形势之下。

大兴安岭西部的地形也有利于火势的蔓延。由于群山平缓，沟谷、河道极为狭窄，大火一旦形成便无法阻断。而且，森林千里相接，连绵不断，山林中布满了极易燃烧的白桦树和樟子松，火一点便着，难以扑救。林脚之下，又到处是丛生的灌木与杂草，一旦起火，瞬息之间林海就会变成火海。

当然，如果没有人类活动的干预，偶见于森林区域的局部火灾未见得就是一件坏事。换言之，这种火灾实质上属于森林生态系统自我调节、自我更新的过程，即所谓"野火烧不尽，春风吹又生"。然而一个世纪以来人类对资源的无节制掠夺和大规模采伐，却使这里的森林生态系统遭到了极大的破坏，大兴安岭森林面临着日趋严重的生态危机。

最早对东北森林痛下杀手的，无疑是这个世纪的上半叶先后盘踞东北的沙俄和日本侵略者。在他们穷凶极恶的疯狂掠夺之下，大兴安岭南部和东部的大片森林遭到毁坏。

新中国成立以来，作为这片森林的主人也没有很好地以主人翁的姿态来保护这些宝贵的资源。特别是由于宏观经济政策的失误，它还经受了两次大规模的劫难：一次是在"大跃进"时期，森林成为大炼钢铁的牺牲品；一次是在十年动乱期间，人们在"以粮为纲"思想的指导下，不顾一切地毁林开荒，围垦造田，森林面积因此大幅度减少。

与这些大规模的急切的破坏行为并行不悖的，是一批又一批来自关内不辞辛劳、离乡背井的农民对大兴安岭森林日积月累的蚕食和破坏。他们一无所有地来到这里，又一无顾忌地焚林辟田、伐木为材。新中国成立后，大兴安岭的开发虽然被纳入计划管理的轨道，但是仍然有数以万计的无业盲流来此谋生。这些新土地的开拓者大多隐匿于森林深处，砍伐林木，建起栖身之所，过起刀耕火种、渔猎樵牧的原始生活——滥伐林木、偷采药材、捕猎动物，使古老的原始森林在一点一点地消失着……

正由于这种无休止的采伐和破坏，在漫长的地质年代中化育而成的大兴安岭森林生态系统，在不到一百年的时间内，就已经变得脆弱不堪了：干旱性气候明显增多，灾难性大风越刮越烈，蓄水能力不断下降，地域性降雨量逐渐减少，溪谷干涸，河道断流……所有这些，都为森林火灾的发生孕育着越来越有利的条件。

从1964年大兴安岭开发，到1987年火灾，这里共发生大小森林火灾881起，森林可开采资源减少了一半，其中因火灾损失林木4865万立方米，占可采资源的30%。烧毁的森林面积是更新林地面积的164倍！而1966年一场由吸烟引起的大火，曾燃烧了32天，52万公顷森林灰飞烟灭。另据原呼玛县志记载，现在的漠河、塔河县境内，从1951年至1979年，全县共发生森林火灾194次，其中较大的森林火灾24次，过火面积90万公顷，毁林面积相当于木材的采伐量。

从1985年开始，大兴安岭地区又进入明显的偏旱阶段。根据当地的气象资料记录，漠河的年降水量每年以 114 ～ 153 毫米的速率递降。到 1987 年 1 至 4 月，其总降水量比历年同期减少了 37% ～ 46%。一向湿冷多雪的大兴安岭地区变得异常干燥起来。空气中相对湿度明显降低，在阿木尔地区已经达到 4%。

与此同时，这里的气温也渐趋温暖，1987 年入春后尤为显著，平均气温比往年同期高 0.8 ～ 1℃，漠河 5 月 7 日 14 时气温达到 24℃，而西林吉当地气温前一天就骤升至历史上少有的 26℃。

干旱、高温使森林火灾的火险等级直线上升。一位记者是这样描述大火来临之前的森林景致的：

今年的 5 月全不是鲜活可爱的样儿。从冬天带来的那点稀薄的残雪很快被野风刮得稀乱糟，森林里大片大片地裸现着几近风干了的腐殖质层。高大的兴安落叶松萎萎靡靡，精壮的樟子松因为干燥出现一派病态，娇美的白桦一反常态犹同一具具风华的骷髅默然哀立，包括每年春天总是第一个披上绿衣的兴安杜鹃也活现出一副不肯返世的蔫巴样儿。放眼望去，浩瀚的林海灰苍苍白茫茫，在它上面，芝麻烤饼似的太阳正施展魔法，把大兴安岭森林一步步地推向灼灼欲燃的死地。

严峻的火灾险情引起了中央领导的高度警觉。这年2月5日，国务院领导指示林业部必须注意护林防火工作。同时要求确定一位领导主管防火工作，并派出工作组检查护林防火设施和工作落实情况。

随后不久，一位著名的植物生态学专家前来考察，敏锐地发现了这里的火灾险情，便在一次千人大会上向省政府提出警告：林区防火设施太差，远远不能适应护林防火的需要。一旦出现大面积火情，将难以及时扑救，以致酿成灾难性火灾。

4月20日，一股来自内蒙古草原之火，点燃了大兴安岭林区内蒙古库部尔林业局的森林。大火烧死52人，烧伤33人。

4月24日，《人民日报》报道：黑龙江14日一天就发生大小森林火灾14起。

5月5日，即大火发生的前一天，大兴安岭地区气象部门又向县防火部门发出强烈火险的天气预报。

可惜，所有这一切都没有引起有关方面的足够重视！从林业部的某些领导一直到大兴安岭林区的防火部门，上上下下，无动于衷，麻木不仁。1987年3月，在防火力量已经严重不足的情况下，漠河县竟然还撤销了一个 76 人的森林警察中队。

此时的大兴安岭火灾，可以说是万事俱备，只欠火种了。

火 之 势

1987 年 5 月 6 日上午 10 时至 7 日上午 9 时 30 分，一昼夜之间，大兴安岭林区竟相继出现 6 处人为火源。它们分别是西林吉林业局的古莲林场、河湾林场，阿木尔林业局的依西林场、兴安林场以及塔河林业局的盘古林场和塔林林场。

依西、兴安、塔林三起火灾当天就被扑灭了，古莲、河湾、盘古三个林场的火情却未能得到有效的控制。其中尤以古莲林场的火种最为凶险。

5 月 6 日下午 4 时左右，在西林吉古莲林场 4 支线 11 公里处，一个由 12 人组成的作业组正在进行抚育采伐作业。一位从河北农村来此谋生的青年汪玉峰，在未经任何许可的情况下，擅自启动在防火期内林场禁止使用的割灌机。当他给割灌机加油时，因过量而使油溢满机身，并且洒得满地都是。启动割灌机时，又违反操作规程造成了跳火。几点火星闪出，点燃了机身和洒在地上的汽油，顿时引起杂草和树木的燃烧，草地上蹿起了一条火蛇。附近的职工赶来奋力扑打，可是一阵狂风吹来，大火烧散了群众，火势迅速蔓延，而且从林下蹿上了树梢，逐渐形成一发而不可收拾的树冠火。

漠河县防火指挥部闻讯之后，即刻组织了一支近千人的扑火队伍，在县长和县委副书记的带领下，迅速奔赴火场，于午夜时分控制住了古莲林场的火势，次日清晨扑灭了明火。遗憾的是，由于扑火者的疏忽和松懈，以为明火一灭即大功告成，除留下少数人看守火场外，大部分人员都撤到公路上休息、用餐，而指挥扑火的县委副书记则回到了县城。

5月7日上午9时半，还没有等到灭火队起身清理火场，余火便在大风中复燃。但有关方面负责人并没有向上级如实汇报，请求机降灭火队支援。据说这样做会使当地承担一部分机降作业的灭火费用，企业留利和奖金也要被扣罚。也许更重要的是，这样做实际上等于承认了领导的失职。

他们又一次错过了良机。

5月7日傍晚，风云突变。古莲林场突然刮起了8级以上的偏西风，其后越刮越猛，最大风力达9.8级，创下了当地有史以来的最高纪录。火借风势，风助火威，火头以4.18米／秒的高速度极其迅猛地向东推进。火头高达几十米、上百米，烟柱高达几百米甚至几千米，火线宽达几公里甚至十几公里。

大火在前进过程中，热量不断积累，形成强大的高压热流。故而一面呈现出千奇百怪的火行为，诸如火旋风、对流柱、火暴、飞火，等等，变幻莫测；一面又以3000千瓦／平方米、中心深度900～1200度，可以卷弯铁轨、熔化玻璃和铝盆的火强度，吞噬着森林，跨越公路、铁路、河流以及数百米宽的防火隔离带，向漠河县城——西林吉镇铺天盖地般地扑去。

此时，位于县城西南的西林吉林业局河湾林场，于5月6日上午10时因清林工人吸烟造成的林火，同样在熊熊燃烧，火势与古莲林场不相上下。其间，带队而来的县领导眼见火势如此之猛，自认无力抗拒，干脆按兵不动，钻进远处的帐篷等候援兵。而从县里赶来的灭火增援队伍，来到现场后又找不到调遣之人，只好在原地等候。等到这位县领导大梦初醒时，河湾林场四周已经是浓烟滚滚、焦土一片了。

5月7日傍晚时分，河湾林场未经扑打的林火与古莲林场死灰复燃的熊熊大火，形成了两面夹击之势。6时许，怒涛般的大火首先推进到漠河县城西北侧的西林吉贮木场。这里由10万立方米木材堆放的木山瞬间变成了火山，继而呼啸着、升腾着向漠河县城风卷而去。

方圆13公里，有4300户人家2万余人口的县城，在不到2个小时的时间内就被洗劫殆尽。全镇除6座高大的水泥建筑外，几乎所有的民房被大火焚毁。此外还有数十人死亡，68人严重受伤，1.5万多人无家可归，直接经济损失近亿元。

烈火摧毁了西林吉镇后，在15米/秒的狂风推动之下，沿着齐古线铁路的狭长沟谷继续向东扑去。晚8时20分，大火偷袭了图强林业局的育英林场；9时05分，又闯进了图强镇，死伤人数比西林吉镇更为惨重；11时30分，大火冲进了阿木尔林业局所在的劲涛镇。仅仅5个小时，发端于古莲的林火就向东推进了100公里，吞没了西林吉、图强、阿木尔三个林业局所在城镇及三个林业局的7个林场和4个半贮木场。

在大兴安岭东侧，塔河县林业局的盘古林场火势也迅猛异常。大火在3小时45分钟内推进了60公里，烧毁了盘古林场和马林林场。由于盘古林场提前组织了疏散，虽然所有建筑设施被焚烧一空，却没有造成人员伤亡，而马林林场，不仅整个场部所在地全部化为灰烬，还有13人在烈火的肆虐下丧生，26人严重烧伤。

奔进中的烈火，其速度之快、破坏力之强，令人匪夷所思。

图强林业局有两辆前往西林吉救援的消防车，途中突遇火头，尽管急速掉车回开，结果还是被大火追上，付之一炬。

同样，从马林向瓦拉干方向侧风行驶的三台东风 140 型汽车，也没能逃脱火神的魔爪而被焚毁在公路上。

就连 100 多米宽的盘古河，大火也只是一跃而过。一阵热流卷起的一团黑色飓风，更将盘古、马林两个林场屋顶的铁瓦几乎全部掀起，漫天飞舞。飓风过后，两林场共 3 万多平方米的房舍，几分钟时间内即几乎全部点燃，而此前居然没发现一星火光。

在马林林场，有一位职工死在距房舍 20 多米的空地上。死者周围没有任何可燃物，但死者身上的尼龙裤却全都被烤焦了，遗体也像被装进电烤箱烤过一样，遍体焦黄。许多大树，大火过后许多天，树枝未燃烧，却都顺风向保持了热流袭过的形态。显而易见，这是高温高速热流瞬间将其定型所致。

到 5 月 8 日，西部烈火又冲出阿木尔林业局所在地劲涛镇，分成东南、东北、正东三路，向塔河方向的林区迅速蔓延；东侧火点也遥相呼应。两者在大兴

安岭北端的东西两侧，各自形成面积为 20 万公顷和
30 万公顷的大火海，由于通信、交通中断，火势无
法控制，烈火向四处蔓延。

到 5 月 13 日，西部火场已形成 14 条大中明火线，
总长 31 公里；东部火场大小火点 231 个，大中明火
线 15 条，总长 60 多公里。而且这两大片火区还在相
互靠拢，大有两面夹击，烧尽大兴安岭之势。

大火最终烧起来了！

火 之 灭

火灾发生后，扑灭工作一直在进行中。

5 月 7 日，就在西林吉工人奋力扑火的同时，当
地驻军边防某团就拍出了火情电报。人民解放军迅速
调集部队投入扑火救灾，离大兴安岭较近的某集团军
率先受命驰援。

5 月 8 日，中国政府的高层领导人通过电视台播
映的卫星云图发现大兴安岭异常灾情后，便立即成立
由中国人民解放军、林业部、国家气象局和国家物资
局等部门参加的扑火领导小组，研究扑火救灾工作。
5 月 10 日，国务院批准成立了扑火救灾塔河前线指
挥部。

在整个扑火过程中，国务院自始至终把坚决保卫人民的生命财产，最大限度地减少生命损失作为救火工作总方针，多次强调既要扑灭大火，又要保障扑火人员的生命安全。指示不打顶风火，不打上山火，不打树冠火。宜打则打，宜防则防，打防结合。在火势较弱时，及时出击，及时扑打。如果火势过猛，火头过高，难于控制，又逼近预定防线，就先切断火线，小块封闭，并后退一段距离，开通几条隔离带，将火截住。

5月12日，李鹏、陈俊生飞抵塔河视察灾情，慰问受灾群众，一场大规模灭火救灾工作正在紧张迅速地展开。

5月13日，国务院现场办公会议在灾区焦土上召开。会议决定增派2万部队上山扑火救灾。3个小时后，几个集团军2万名官兵从四面八方迅速集结，以特急行军速度，向北国边陲进发。由几十种机型组成的空中运输队从广州、济南、兰州、北京、沈阳等各军区腾空而起，赶赴齐齐哈尔、加格达奇、塔河、漠河，形成了一条畅通无阻的空中救灾走廊。

在国务院的紧急动员下，共约58800多人组成的扑火大军并肩在纵深200公里、宽780公里的灾区，进行了一场空前的立体扑火救灾战斗。其中解放军指战员 31000 多人，森林警察、消防干警及专业扑火队员 2100 多人，当地预备役民兵、林业工人和群众 2 万多人。

至 5 月 20 日，东部火区 2 万多扑火人员，通过顽强作战和"以火攻火"的方法，终于打出一道呈马蹄形、长 259 公里的防火隔离带，有效地控制了火势的扩展。但整个林区的火势尚未完全控制。从卫星云图分析，东西两大块火区已在孤尖山连成一片，火势正向黑龙江边靠近。西部火场情况紧急，不仅火势增大，大风还将扑灭的死灰复燃。向南的大火已逼近 150 万公顷尚未开发的原始森林。素有中国"北极城"之称的漠河镇，虽已拓出防火道，但整个村镇几乎被大火包围。

5 月 24 日下午，火区上空云层增厚，人工降雨获得成功。当晚至第二天下午，普遍降了降雨量为 5.4～10 毫米的雨，东西两部火区的明火相继扑灭。但 5 月 31 日后，又在火区外秀峰与塔河之间发生火灾，再度威胁塔河县城。经过两天的扑打，于 6 月 2 日凌晨扑灭。

6 月 2 日下午至 3 日上午，整个火场普降中雨，全体军民冒雨清理火场，消灭一切暗火、残火，这场特大森林火灾终于被彻底扑灭了。

扑火斗争的胜利，充分显示了广大军民保卫国家和人民生命财产的高度责任感。中国人民解放军派出的3万多名官兵，更是发挥了主力军的作用。

火灾发生后，沈阳军区迅速组织兵力赶到现场，全力以赴地投入扑火战斗。449名团级以上干部在前线组织扑火，广大官兵英勇顽强，不怕牺牲，扑灭了1700多个火头，开辟出数百公里的防火隔离带，抢救、疏散群众1万多人。当漠河的西林吉镇处于一片火海之时，某团官兵经过一夜搏斗，便救出了119名儿童和2000多老人、妇女。

空军出动了数百架次的飞机，往返林区灭火救灾。他们打破常规，超强安全飞行1500多架次，空运2400多人次，配合气象部门人工降雨18次，降雨面积2万多平方公里，出色地完成了侦察火情、空降、空投和运输等任务，有力地支援了灾区的灭火斗争。

在地面扑火部队中，有一支被林区群众誉为"铁军"的集团军。这个集团军出动了近2万人，与大火搏斗了21昼夜，灭火斗争中的几次硬仗、恶战都有他们参加。开始，缺乏经验的战士见火就打，迎火而上，硬拼硬顶，他们有的头发烧焦，有的脸被灼伤，塔河县长心疼地鸣枪让他们撤退。他们激战七昼夜，终于控制住了火头；他们还完成了东线 280 公里的防火隔离带封闭任务，保住了古莲、前哨等 40 个林场和一批贮木场。

塔河告急！塔河城内居住着 10 万居民，城东有 60 万公顷原始森林。为保住塔河，沈阳军区 1 万多名官兵奉命火急驰援。在数十公里长的火线上，他们与森林警察及当地群众采取以火攻火、风力灭火、消防车灭火和人力扑打等各种措施奋力灭火，同时加速拓展防火隔离带，将大火死死压在塔河以北。

6 月 2 日，中央军委主席邓小平发布嘉奖令，赞扬解放军战士在扑火中与森林警察、公安消防队及灾区干部群众密切协作，互相支援，风餐露宿，啃干粮，喝冰水，表现出英勇顽强、连续作战、不怕疲劳、不怕牺牲的作风。

森林警察和消防干警发挥了突击队的作用。

在兴安林场，当大火铺天盖地扑向居民区，眼看就要引燃居民的"板夹泥"房子时，突然，两架直升机从天而降，30 多名森林警察从中一跃而出，这就是森林警察塔河机降扑火队。十几架风力灭火机一字排开，对准火头咆哮猛攻，很快从中间打开一个缺口，接着兵分两路，把大火一分为二，各个歼灭。当大火被扑灭之后，战士们的安全帽，用手指一捅就是一个大窟窿。

在原始林区，地下有几十厘米厚的腐殖层，地面有生长了千百年的落叶松，一沾上火，便从树根一直燃到树梢，像一支支通体透明的大蜡烛。这时风向不定，忽而向里，忽而向外，烟柱有 30 多米。森警战士捧着风机东挡西冲，饭没有来得及吃，水也早喝光了，体质虚弱到了极点，撤下来三五步就倒在地上。一个战士从石头地下抠出了一条冰凌，沾着草，带着泥。大家一人一口，传了一大圈。

林区职工、群众也是灭火的重要力量。他们熟悉山区地形和气候特点，富有扑火经验，同解放军、专业扑火队伍密切配合，为赢得扑火斗争的胜利作出了贡献。

铁路部门承担了繁重的运输任务。一次次专列，以最快的速度把部队提前运到火场，扑火救灾物资亦随到随运，还把 5 万多人次的灾民转移、疏散到安全地带。

林业部调集人工降雨飞机、降雨大炮、化学灭火弹等严阵以待，同时将大批风力灭火机调往火线。

气象部门成立专门小组，严密监测大兴安岭地区的火情，每天将卫星云图和天气预报情况送到每一个扑火指挥机构。他们还开展了人工降雨作业，和高炮部队配合发射降雨弹 4700 发。

邮电部门争分夺秒地抢修被烧毁的通信线路和设施，把专门通信车派到第一线，保证了通信畅通。

地矿部门派出了装有红外扫描装置的飞机，使因烟雾弥漫难以侦察火情的困难得到了解决。

民政部要求各地做好安置灾民的一切准备，及时救济、疏散、安置灾民。有关部门和地方通力合作，使 5 万灾民有吃、有穿、有住。

卫生部门动员的一大批烧伤专家及医务人员，携带灭火器械、药品赶往火灾现场。

公安部门积极侦察火灾原因，采取了封山、清山等措施，加强治安管理，维护了灾区社会秩序的安定。

教育、商业、物资、文化等部门，保险公司、中国科学院以及中央和地方的新闻机构都为扑火斗争作出了贡献。

北京、上海、天津、吉林、辽宁、广东、广西、陕西、江西等省（自治区、直辖市），全国总工会、全国工商联、中国残疾人福利基金会、中国绿化基金会、中国军事科学院、中石化总公司等社会团体、企事业单位，广大工人、农民、解放军、科技工作者、青年学生、少年儿童、留学生、港澳台同胞、海外侨胞等，纷纷捐款捐物，提出建议。

大兴安岭火灾牵动了全民族的心。

国际社会也给予很大的关注。50 多个国家和国际组织发来了慰问电，20 多个国家和国际组织捐赠救灾资金、器材、药品和食品。

燃烧了 26 天的森林大火终于烟消云散，但大火烧焦的黑土地，又会给人们留下什么样的思考呢？

二　众志成城挽狂澜

——1991 年江淮大水灾

1991 年的夏天，非常的夏天，中国以江淮流域为中心发生了特大洪涝灾害。

从 5 月 18 日到 8 月 20 日，滔滔洪水淹没了安徽、江苏、河南、湖北等 18 个省区的 6.37 亿亩农作物（其中绝收 6641 万亩），冲毁房屋 291 万间，损坏房屋 605 万间。大约有 2.3 亿人口成为灾民，1930 万人遭洪水围困，被迫转移安置 1000 万人，因灾死亡 3074 人。直接经济损失 821 亿元。

反复无常的大自然再一次露出了狰狞可怖的一面，将灾难无情地降临到中国人民的头上。

祸从天降

从某种意义上来说，1991 年夏季中国气候的异常变化是自然界本身周期性运动的结果。

根据水利史专家的研究，中国大陆的降雨存在着以 10 年左右为时段的枯水期与丰水期的交替变化现象。20 年代大旱，30 年代大涝，40 年代旱情严重，50 年代洪水成灾。而种种迹象表明，在经过 80 年代的枯水期后，90 年代又将进入丰水期了。

正是依据自然界周期性变化的规律，我国著名石油科学家翁文波先生早在 7 年前就对这次水灾作出准确的预测。在 1984 年 5 月中国石油工业出版社出版的《预测论基础》一书中，他明明白白地写道：1991 年华东华中地区可能出现特大水涝。

4 年之后，一些气象科学家也发出警告：1991 年太阳黑子活动频繁，将进入第 22 个峰年期，在长江中下游地区形成的"阻塞高压"会直接影响到梅雨的活动。

如果说，这些预测毕竟只是一种可能性，从而使得灾难距离人们还非常遥远的话，那么，1991 年春夏之际连续发生的一系列自然、人为事件，就不能不使人对灾难的即将到来忧心忡忡了。

首先受到人们密切关注的，是海湾战争中熊熊燃烧的几百口科威特油井大火。中国科学院大气物理所的实验分析表明，漂浮到中国境内的大量油尘粒子，将直接影响到我国江淮一带梅雨期的形成。

4月29日，孟加拉国遭受罕见的强飓风袭击，科学家把这一灾害归咎于厄尔尼诺现象。在国家气象局办公室里，清晰的卫星云图表明，1991年春天出现了大气环流厄尔尼诺现象的前兆。

然而，祸不单行。

从5月起，日本的云仙岳火山开始频繁活动，6月3日喷发。6月9日，沉睡600多年的菲律宾皮那图博火山突然爆发，熔岩喷发高达1500米，火山灰在天空中形成250万平方公里的烟云。种种实验和分析都指向了一个事实，这些烟云已经对我国的气候特别是对东南地区的气候产生影响。

5月中旬，江淮大地每年一度的梅雨提前一个多月到来。一时间，暴雨倾盆、洪水横流。

暴雨肆虐了近2个月。

7月19日，防总副总指挥、水利部部长杨振怀在新闻发布会上公布了一组准确的统计数字：

从5月15日到7月13日的60天时间里，江淮流域的降雨量超过 800 毫米，平均雨量较常年同期多 1 ~ 3 倍；淮河中游寿县正阳关至洪泽湖发生了仅次于 1954 年的大洪水；滁河发生了 2 次有记录以来的最大洪水；太湖水位持续上涨，已超过历史最高水位；四川、贵州境内一些长江的支流也相继发生大洪水和山洪灾害。

安徽告灾！

江苏告灾！

河南、湖北告灾！

……

短短一个多月，全国近 18 个省份遭受暴雨和洪水的袭击。而受灾面积最大、灾情最严重的就是横跨长江和淮河两大流域的安徽省。

安徽水灾的直接成因是三次大暴雨。5 月中下旬，地处淮西北的阜阳首当其冲。短短几天，暴雨袭击了全地区 11 个县市，有 355 万亩麦田受灾，其中的 244 万亩倒伏，麦穗多已发霉变黑。接下来是 6 · 12 和 6 · 29 两次大暴雨。从 5 月中旬到 7 月中旬，全省 72 个县（市）有 60 个降雨量达 600 毫米以上，11 个达到 1000 ~ 1500 毫米，大大超过正常年份的全年降雨量。其中江淮之间 6.2 万平方公里的面积上平均降雨 952 毫米，而 1954 年该地区降雨量不到 700 毫米。

大范围的强降水使境内江河湖泊水位猛涨，洪峰接踵而至。到 7 月 20 日，境内有 38 个市县城区进水，省会合肥一些地区水深 1.5 米，有 43779 个村庄、892 万人被洪水围困，农作物受灾面积 7536.8 万亩，其中绝收 2393 万亩，受灾人口 4400 万，重灾民 1373 万人，死亡 556 人，倒塌房屋 156.68 万间，损坏房屋 225 万间。此外，铁路、公路交通中断，大批工矿企业停产半停产，医院、学校、广播通信等设施损坏严重，各项直接经济损失达 275.3 亿元，其中农业损失 146 亿元。

江苏省的梅雨同样来得早。5 月 19 日入梅，7 月 13 日出梅，梅雨期长达 56 天。雨期早，雨水急，雨量大，雨区集中，致使全省河湖暴涨，洪涛滚滚，太湖、里下河等纷纷超过历史最高水位，苏州、无锡、常州三大工业城市成了水中世界。

据不完全统计，全省夏秋两季粮食损失估计 55 亿公斤，油菜籽 1 亿公斤。有 3500 家工矿企业和仓库进水，28000 多家企业被迫停产半停产。17726 个村庄被洪水围困。城乡居民有 120 多万户进水受淹，47 万多间房屋倒塌，88 万多间受损，受灾人口 4200 万人，死 245 人，伤 1760 人。直接经济损失近 200 亿元人民币。

水灾袭击下的河南、湖北等省损失也很惨重。河南全省受灾人口 2350 万人，重灾人口 788.2 万人，特重灾 327.3 万人。湖北省被洪水围困的民众，至少也有 60 万人。

灾难，特大灾难，已经不容置疑地展现在世人的面前。

1991 年 7 月 11 日，中国国际减灾十年委员会，代表中国政府，紧急呼吁联合国有关机构、各国政府、国际组织以及国际社会有关方面，向灾区提供人道主义的援助。

在中国共产党的执政历史上，这还是第一次。

世界为之震惊！

党心系民心

对于受命于危难之中的党的第三代领导人来说，1991 年大水无疑是一次严峻考验。在江淮大地洪涛肆虐期间，中央领导多次赴灾区视察、慰问，指挥抗洪救灾。

6 月 14 日，正在安徽视察工作的国务院总理李鹏冒着倾盆大雨，从合肥驱车到滁县地区全椒县亲临抗洪第一线视察。在全椒县城东乡襄河大闸，李鹏站在尺把深的水中向县委书记询问灾情，并指示要抓紧做好抗洪抢收工作。

7月20日，李鹏总理刚刚结束中东六国之行，即从地中海飞到了江淮灾区。透过飞机的舷窗，滁河、巢湖及沿淮两岸的灾情尽收眼底。

灾情时刻萦系在总书记的心头。

6月28日深夜，江泽民总书记打电话给安徽、江苏、浙江三省的书记，要求各级党员干部挺身而出站在第一线。7月8日、9日，江泽民总书记视察了重灾区。

《人民日报》详细报道和介绍了党和国家领导人在灾区的考察、慰问的情景。其中一篇特写《党心紧系民心》这样写道：

> 时刻关心安徽灾情的中共中央总书记、中央军委主席江泽民及其一行，于7月7日专程赶到严重受灾的安徽。总书记一行一踏上江淮大地，就同安徽省委书记卢荣景、省长傅锡寿、南京军区司令员固辉等同志一道，直奔淮河两岸的重灾区。
>
> 车上淮河大堤，只见左边是汪洋一片的淮河干道，右边是一片汪洋的内涝积水，河水高

于内水，形成百年少见的"关门淹"。在"两水夹一线"的堤防上，近看，灾民临时住的窝棚、土灶绵延不绝；远望，露出水面的树梢、屋顶星星点点。

被水围困20多天的1.7万多个村庄、500多万灾民，吃的、住的安排得怎么样，饮水卫生有没有保障，看病方便不方便，总书记心里十分牵挂。

总书记踏着稀泥，躬身走进一个棚户，见有一位老大娘和一个小孩，立即深情地问道："家里还有粮食吗？"大娘含着泪花说道："麦子淹光了，有政府救济粮。"总书记又问："吃水干净吗？"大娘说："用政府发的漂白粉打过。"总书记俯首指着躺在床上的小孩问道："病了吗？看病方便吗？"两人都说："没病，医疗队就在坝埂上。"

总书记对站在身边的凤台县、乡领导说，灾民的吃、住，一定要安排好，饮水要注意卫生，千万不能喝生水。

总书记登上抗洪指挥艇，在波阔流急的淮河中巡视一程之后，又来到耕地被淹光的颍上县鲁台子村……

对于决策者来说，百闻不如一见。江泽民在安徽、江苏视察时说：这里的灾情比我在北京听到的严重得多。

在了解真实灾情的基础上，中央作出了科学的决策和部署。

7 月 16 日，中共中央总书记江泽民召开中央政治局会议，研究部署抗洪救灾工作。会议提出五点要求：要立足于防大汛，抗大灾；要切实加强对抗灾救灾的领导；要顾全大局，团结协作；要发动群众，动员各方力量，开展自救互救；要切实加强思想政治工作。会议强调，优越的社会主义制度和共产党的坚强领导，是我们战胜自然灾害的根本保证。经过十多年的改革开放，我国城乡经济实力大为增加，广大人民群众抗御自然灾害的信心和能力大为提高。中央相信，只要我们进一步发挥社会主义制度的优越性，加强全党、全军和全国各族人民的紧密团结，发扬艰苦奋斗的精神，我们就一定能够克服困难，夺取抗灾救灾的胜利。

灾害，尤其是特大灾害，往往是对一个国家综合国力的考验，也是对政府决策能力和执政能力的严峻考验。在抗洪救灾过程中，国家防汛总指挥部在党中央的领导下成功地发挥了决策枢纽的作用。它每时每刻汇集着分布在全国的 2 万多个水文站的水文气象情报，分析、研究、汇总后上报，制定政策，发布命令。中央各大部委也都成立了由一名副部长负责的抗洪救灾小组，政府各职能部门迅速行动，商业部、化工部、地矿部、水利部、中国人民银行、农业部、财政部、铁道部、海关总署、卫生部、国家卫生检疫总所、国家商检局、最高人民法院、国家审计局、国家计委、民政部、国务院办公厅等纷纷采取措施抗洪救灾。与此同时，经国务院研究批准，中国政府向国际社会发出救援呼吁。

事实说明，与"三年自然灾害"和唐山大地震的救灾过程相比，在 1991 年江淮大水中，党和政府表现出了实事求是的态度，政府机制的行政效率和科学化程度都大大地提高了。

风雨同舟

在党和政府的坚强领导下，全国人民与洪水展开了顽强的搏斗。

在长江，在淮河，在太湖……百万抗洪大军日夜奋战。堤内，滔滔洪水，波涛汹涌；堤上，抗洪大军加固堤防，抢修险工险段。

这里有省委书记、省长的身影，有各地市县党政负责人坐镇指挥，有广大党员干部冲锋在前。

安徽霍丘县高塘乡党委副书记程守贤，在带领干部将5000多名群众转移到安全地带后，自己却因极度疲劳从渔船上栽入水中。乡亲们边哭边喊："你是为俺们累死的呀！"

在巢湖市忠庙镇河西圩，为保住圩内1658亩良田和上万群众的生命财产安全，河西村团支部书记、村青年抗洪抢险突击队队长王诗超，在圩堤上不分昼夜整整奋战了七天七夜，终因劳累过度而倒下。死时仍空着肚子，光着膀子，一身的泥浆。

他们是用自己的生命来保护家乡的土地和父老乡亲的。

灾情就是命令！三军将士闻风而动，紧急出征。在抗洪救灾中，人民解放军指战员、公安干警、武警官兵、民兵预备役人员挺身而出，充分显示了英雄本色。哪里最艰险，哪里就有他们的身影。

某集团军陈希滔少将驾驶冲锋舟，穿行于11个被洪水淹没的县市。半个月里，他指挥部队先后救出上万名灾民，转移了2万多群众。当地群众称他的冲锋舟为"救命船"。

　　某舟桥团营长刘振武，家中11间房屋全部倒塌，父母弟妹十几天下落不明，但他带领全营在寿县抢险救灾，五过家门而不入，被干部战士誉为"大禹传人"。

　　南京军区舟桥旅战士张勇，驾驶冲锋舟转战苏皖灾区，连续奋战在洪水中，在副手的配合下，营救灾民126人。

　　刚从军校毕业的见习排长周丽平，在部队决定让他留守的情况下，三次请战，说："现在是祖国和人民最需要我的时候，我要在抗洪抢险第一线接受考验。"在安徽灾区，他带领战士冒着持续高温搬石运土，加固河堤，连续奋战了八天八夜。7月19日下午，在淮河沙家洼救援一艘满载救灾物资的水泥船时，连日劳累的周丽平终因体力不支，被汹涌的激流吞没了。

　　据统计，整个抗洪期间，人民解放军共出动兵力17万人次，车辆3万多台次、船（舟）艇650艘次、飞机22架次，转移群众19万人次，抢运物资35万吨，加固堤坝数百公里，医治灾民5万余人次，为抗洪抢险的最后胜利作出了重大贡献。

　　同样，人民群众也以款款深情回报着保卫他们的子弟兵。

　　7月16日，安徽肥东县撮镇。避难于房顶、树枝和堤坝上的几千名群众，已经被洪水围困了六天六夜。奉命救援的武警合肥市支队官兵，一边解救群众，一边组织突击队冒着民房倒塌的危险，将架、吊在屋梁上的一袋袋粮食取下来，用橡皮船运到安全地带。有两名战士泅水时不幸被蜈蚣咬伤了手臂。等到被战友救到船上时，伤势十分严重，两人的手臂都肿得像个馒头似的。

就在这时，坐在船尾的25岁农妇薛文姐放下手中9个月的婴儿，撩起衣襟，用力挤出有限的乳汁，替两位战士清洗按摩伤口。这是当地土方，这样做可以止痛消肿。

1991年夏天，无数个动人的故事在神州大地流传，也牵动了华夏儿女的心。

那些天来，大家所思所想的就是灾区人民。那里的水情怎样了？淹了多少人、多少地、多少房子？灾民的生活如何？他们吃什么？住在哪里？是否得到妥善安置？还需要什么？

从祖国各地到海外，从花甲老人到幼小的孩童，赈灾义演、义卖、捐赠，人们通过各种方式表达同一种心情，那就是诉不尽的"华夏之情"。

许多国家和地区也慷慨解囊。截至8月21日，国内外捐款累计已达13亿多元，救灾物资折合人民币 1.68 亿元。其中内地 6.24 亿元，港澳 4.9 亿元，台湾省 8325 万元，国际社会 1.1 亿元。

9 月 19 日，国务院救灾领导小组又在北京开展了向安徽灾区捐赠衣被活动。田纪云副总理亲自动员：

> 现在天气渐冷，冬季将临，我们唯一放心不下的是灾区人民，主要是安徽重灾区人民过冬的棉衣、棉被、棉絮问题。

到 10 月 14 日，在短短 25 天的时间里，中央党政机关、北京市共派出慰问团 5700 多人，运输车 2200 多辆，火车 150 车皮，飞机 14 架次，过冬衣被 750 余万件。

毁家纾难

为保卫津浦铁路，保卫重要城市，保卫国家重点工程、能源基地和生产基地，在 1991 年抗洪过程中不得不采取保国家舍地方、保工业舍农业、保城市舍农村等救灾战略。为此，国家防总颁布了一系列命令：

6 月 15 日与 7 月 7 日，在安徽蒙洼两次开启王家坝分洪闸；

6月16日，在安徽颍上县炸开邱家湖大堤；

7月5日、8日，在上海炸开红旗坝和钱盛荡堵坝；

7月10日，为了保住京沪铁路大动脉的畅通，在江苏青浦和安徽来安炸圩堤分洪。

按照1991年6月28日国务院第87次常务会议通过的《中华人民共和国防汛条例》（共8章48条）第七章的规定，"拒不执行经批准的防御洪水方案"的，要受到处罚。洪水当前，必须服从指挥，大局为重。

谁都知道这种服从是需要泄洪区人民付出代价和牺牲的，但是为了保护整体利益，为了保证抗洪救灾的顺利进行，为了把灾害损失减到最小，人们毅然开启涵闸，掘开圩堤，炸掉大坝，把滔滔的洪水引进自己的家园。

蒙洼，是淮河中游一个最大的蓄洪区。6月14日20时国家防总下达开闸蓄洪的命令时，离蓄洪还有10多个小时。蓄洪区里还有13万亩麦子没有收割，12.6万人没有转移。而且暴雨还在不停地下，湖内已分不清是路还是田，到处是积水和污泥。然而在党员干部的带领下，农民们硬是舍弃了自己用汗水换来的尚未收割的麦子，丢下家中的坛坛罐罐，扶老携幼，秩序井然地撤出了蒙洼。新中国成立以来，蒙洼几次蓄洪搬迁都要两三天，但这一次却只用了 10 多个小时。

颖上县邱家湖也属于行洪区。县委决定，在上级没有下达行洪命令之前，全力护堤。雨在下，河水还在涨，2 万多人在大堤上日夜奋战，妇女、孩子也到堤上帮忙。堤上缺土，刚刚脱贫的邱家湖人扒了房子；草袋不够，各种袋子直至枕套、被套都拿了出来。人们拼了性命保住了大堤。当炸坝的命令传达到大堤上时，邱家湖人亲手在堤坝上挖开了缺口，含着眼泪让洪水冲进家园。

在淮河、滁河，为降低洪峰水位，根据国家防总的命令，曾先后开放 9 个行蓄洪区，20 多万农民都以最快的速度转移出去，没有一处耽误蓄洪。在安徽境内，22 个蓄洪区淹了 16 个，有 1459 万人口几乎来不及搬走任何家产，他们成为特重灾民。淮河、滁河大堤保住了，堤内的 3000 多万人口安全了，两淮的煤矿、电厂和津浦铁路保住了，但是，蓄洪区为此作出了巨大的牺牲。

顾全大局、舍卒保车，不但蓄洪区人民如此，上海人民也作出了牺牲。

7 月 10 日《人民日报》刊登的一篇特写《上海大泄洪》写道：

7月8日19时15分。随着上海市市长黄菊下达的炸坝命令，"轰"的一声巨响，宽25米、长152米的主堤——钱盛荡堵坝，被3.18吨炸药炸开80余米宽的缺口。——这是继7月5日上海奉命炸开红旗塘堵坝之后，又一次牺牲局部保全局、争分夺秒大泄洪的壮举。——围堤全部炸开后，太湖洪水急速下泄，钱盛荡内水稻、茭白遭灭顶之灾。暮色中，记者和堤边农民交谈，他们感慨地说："我们的损失还在后面呢！可是，想想太湖流域的安危，还有什么可计较呢？"

钱盛荡炸坝十几个小时后，江泽民总书记冒着烈日酷暑，来到了钱盛荡。他握着市委书记吴邦国和市长黄菊的手说：

你们上海人做了一件大好事！

悲剧没有重演

滔滔洪水，勾起了许多老人对历史的回忆。今昔对比，灾民们深有感触地说：

大灾之后，能使我们吃、住、医、教件件有着落，只有在共产党的领导下，在社会主义的新中国，才能创造这样的奇迹。

大堤上，获救的灾民搭起简陋的棚子栖身，里面高温闷热，人畜共存。棚子外，到处泥泞。汪洋中，漂浮着畜尸、粪便、垃圾，四周都是水。但水不能喝，医疗队取水样化验，细菌总数比标准饮用水高 100 倍，大肠杆菌比标准饮用水高 700 倍以上。灾民缺柴、缺粮，麦子被水泡得发了霉，出了芽，安徽、江苏的一些灾民因吃霉麦而中毒。据《健康报》报道，安徽某地因吃霉麦而中毒的灾民一次就有上万人。

大灾之后防大疫，这是各级政府面临的紧迫任务。

7 月 16 日，由卫生部部长陈敏章任组长的救灾防病领导小组召开紧急会议，强调目前卫生工作的中心是救灾防病，医疗卫生人员要全力以赴投入，加强疫情报告和分析，进一步落实防疫措施和经费。之后，大批医疗队下到灾区，大量的药品、医疗设备运往灾区，红十字的旗帜在灾区飘扬。

大灾之后，中国人骄傲地向世人宣布，中国洪灾后没有发生疫情。

洪水来了，尽成泽国，淹毙无数；洪水之后，粮价陡涨，饿殍载道——这样的记载，在 20 世纪上半叶的中国灾荒史上比比皆是。然而，1991 年江淮大水之后，粮价却很稳定。其原因就在于那些年来农业连年丰收，农民手中有存粮，国家也有较强的市场调控能力和救济能力。

8 月 2 日的《人民日报》刊登了一篇文章，题目是《江苏灾民今昔对比后深情地说——还是共产党好!》。文中写道：

在江苏受灾最重的里下河地区采访，上了年纪的人总是一再提起 1931 年那场使数万人丧生的大水，并把它与眼前的事实相对照，今年的洪涝灾害比历史上的哪一次都重，但是里下河没有淹死一个人，也没有饿死一个人；相反，一个又一个取名"水生"的婴儿平安问世。

在宝应县广洋湖乡杨林沟村农民衡泽银的精养鱼塘边，记者和他闲聊了起来。衡泽银告诉记者，这次大水，很多村庄被淹，房子进水，但房子倒塌的却不多。记者问："为什么?"他笑了笑说："到村子里去看看就明白了，10 年前农村基本上都是土坯房，那时候就像我家老太常说的那样，一年苦到头没有哪家有块砖头，村里全是草房，大水一泡就塌了。现在到乡下看看，基本上是砖瓦房，有的还造了楼房，这10年来农村条件逐渐好了，不怕大水了。"

这10年来，农村利用水面养鱼，种河藕出口，农民来钱的门道多了。今年这么大水，我们这里没有人缺粮吃。广洋湖乡长姚俊仁感慨地说："要是在10年前，遇到这么大的洪涝灾害，群众生活是什么样就很难讲了。改革开放富了百姓强了国家，也提高了我们的抗灾能力。"

7月20日《安徽日报》上一篇题为《小船向"孤岛"送去一片深情》的文章，记录了记者跟随小船给灾民送食品时的所见所闻：

映入记者眼帘的是浩瀚无边的河水，天水一色。无情的洪水，已经将六安县新安区878个自然村庄，分割成一个个的"孤岛"。

"孤岛"上的灾民自6月30日至7月7日已经被围困八天八夜。饥饿威胁着这里的3.72万灾民。

几只小木船冒着酷暑在一个个"孤岛"中穿行，它们载着灾民急需的食品，这是灾民翘首以盼的。

小木船所经过的水域一片汪洋，电线杆只露个头，原先的道路与田地早已淹没在水底。

灾民们手拿着方便面和面包、狮子头，感谢的话从内心迸发出来："政府好啊！共产党好啊！""这要是解放前，不饿死人才怪！"

通过共同努力我们完全可以做到：第一不饿死人，第二不冻死人，第三不使疫病流行，第四不使灾民成批外流。

为帮助灾区恢复生产，政府还拨出资金30亿元，平价化肥30万吨，柴油30万吨，汽油7万吨。于是，在洪水尚未全退之时，灾区生产自救、重建家园的热潮已经展开：

大批来自全国各地的救灾物资、种子、化肥、农药运到灾区；

在刚刚排尽积水的农田里，农民在耕作，力争以秋补夏；

返回家园的灾民在整修房屋，一排排新房拔地而起；

水利工地上，人们干得热火朝天；

被水淹的工厂在恢复生产；

学校想尽一切办法开学复课；

……

11月18日至23日，江泽民总书记再次来到安徽，在这里进行了为期6天的考察。他强调，灾区既要抓灾后恢复，又要抓经济发展。

安徽是受灾最重的省份，在洪水中，全省有2万多所学校遭破坏，4万多民办教师成为"房屋倒光、财产毁光、庄稼淹光"的特重灾民。灾后，全省全力以赴抓好开学复课，为特重灾区无教室上课的183万中小学生解决了上课场所。

在合肥长丰县瓦埠河畔，建筑工人仅用8天时间就建起了赈灾新村。一位老大娘说："受灾前都不敢想住上瓦房，没想到水灾后却住上了这样好的房子。"

三河镇是安徽名镇之一，历史悠久，因杭埠河、丰乐河、清水河交汇于此而得名。入汛以来，三河镇连降暴雨，河水上涨，三河人民与洪水进行了殊死搏斗。7月11日，超出警戒水位的杭埠河水将杨婆圩冲开100米的缺口，仅仅20分钟，三河镇即被洪水淹没。

灾后第9天，重建家园的工作就开始了，而那时的三河镇还处在洪水的浸泡之中。至9月底，全镇57家受淹企业除5家停产、转产以外全部复产，还新上了11个技改、扩建、新建项目，商业系统也全部恢复营业，崭新的住宅小区、教学楼、医院正在建设。一个新三河将出现在世人面前。

到 9 月份，国务院又召开治淮会议，决定 5 年投资 90 亿元彻底根治淮河、太湖水患。这年冬天，刚刚经受特大洪涝灾害的安徽省掀起了一个规模宏大的治淮高潮，100 多万民工、数万台机械开进工地。人们认识到："淮河不根治，安徽无宁日！"

大年三十，一位记者走访了灾区。在曾被洪水淹没三个月之久的安徽凤台县毛集乡梁庵村，灾民们住在新盖的瓦房里，床上有捐赠的被褥，村民们洗肉、杀鸡、贴对子，准备年饭。江泽民总书记视察时曾接见过的梁克荣老人激动地说：

> 这么大的水，俺没有外出讨饭，总书记还来看俺，和俺握手，说话。过年了，政府还送来了米、面和肉。俺又住上了新房。俺 77 岁了，有福啊！

亡羊补牢，犹未晚也

1991 年江淮大水在中国灾害史上注定要写上浓重的一笔，中国人民在党和政府领导下，众志成城抗洪救灾所谱写的光辉篇章也必将永载史册。但是，这场洪水留给人们的决不仅仅是灾难，更多的还是严峻的思考。

毫无疑问，在1991年的抗洪救灾中，新中国成立以来的水利建设发挥了不可替代的重要作用。7月27日，防总副总指挥、水利部部长杨振怀指出，在全国范围内，大江大河至今没有一处堤防决口，洞庭湖、鄱阳湖、太湖、洪泽湖的大堤没有一处被冲垮，全国8300多座水库无一处垮坝。可以说，在抗击南方部分地区发生的特大洪水中，40年来修建的水利工程发挥了巨大作用，这在一定程度上减轻了洪涝灾害造成的损失。

先以淮河为例。1991年大水时，淮河流域的水利工程形成了两道防洪抗洪的防线：第一道防线是上游山区的20多座水库，拦蓄了38亿立方米的洪峰流量，减少了下游灾害；第二道防线是沿淮河的湖泊、洼地行洪、蓄洪区，共分蓄30多亿立方米的洪水；1949年以后修建的入江水道，将淮河两次洪水500亿立方米的水量排入长江。因此，尽管淮河发生了1949年以来仅次于1954年的洪水，但淮北大堤和1000多万亩耕地安然无恙。

不过，1991年的洪水毕竟向人们敲响了警钟。

据测定，淮河干流正阳关汛期 30 天洪水量为 210 亿立方米，属于 15 年一遇。王家坝水文站测定的 30 天洪水量是 96 亿立方米，为 7 年一遇。与 1954 年大洪水相比，淮河干流各主要水文站的洪水量一般都少了 1/3，但洪水水位却非常接近，并且在同一流量之下，各站水位均比 1954 年提高了 20 ～ 120 厘米。两相比较，人们免不了要对几十年的治淮工作产生疑问。

综观新中国成立 40 多年的治淮史，人们不难发现这样一种奇怪的现象：在国家财政还十分拮据的 50 年代，10 年间国家投入的资金居然高达 25.66 亿元，约占同期国家基建总投资额的 1.4%，占 40 年治淮投资总额的 28%。然而到了经济初步发展的 80 年代，所有投资加起来也不过十几亿元，仅占同期国家基建投资总额的 0.1% 左右。难道依靠 50 年代的治淮成果就可以高枕无忧了吗？

事实远非如此。因为那时候的淮河工程质量标准并不高，有的水泥标号不够，有的在浇注时以芦席作挡板，结果跑浆严重，混凝土变成"马蜂窝"，表面碳化和出现裂缝的现象十分普遍。然而轰轰烈烈的运动过后，国家的投入不断减少，既没有钱维修老工程，也没有钱建新工程。据报道，由怀远县境内涡河口直通洪泽湖的怀洪新河，原是淮河中游重要的分流

工程，是已经挖通的茨淮新河的配套工程。自 1972
年动工后，已投入 5000 多万元，但终因得不到资金
保障而于 1979 年工停人散，只剩下这年洪水发生后
仍挂在怀远县水利局大门口的那块"怀洪新河办公
室"的牌子。按治淮规划，原要在洪泽湖新开一条入
海通道，线路都已勘测确定，也是因为资金缺乏而开
不了工。

看来，资金投入严重不足是治淮工作中存在的最
重要的问题之一。

管理上的混乱也使治淮工作备受掣肘。

淮河流域包括河南、安徽、江苏、山东四省，80
年代起，水利费用包干到省，淮河也一分为四，分而
治之，治淮工程难以统筹安排。一些工程常常因各地
区意见不一而不能动工或者中途夭折。1991 年大水中，
为了把损失降低到最小，几次分洪、行洪，使蓄洪区
人民付出了巨大的牺牲，他们表现出顾全大局、团结
一致的精神。不过，当我们热情地歌颂这种团结牺牲
的精神时，却不禁要问，假如洪涝局面能早些时候得
到控制，我们还会付出如此大的代价吗？

按照惯例，行洪区、蓄洪区一般不住人或少住
人，但是，50 年代以来，由于人口剧增，农民需要
耕地，乡镇企业需要场地，人们便轰轰烈烈地围滩开

荒，筑堤侵滩。尤其是此次水灾发生前十几年来，淮河流域一直没有发生大水灾，人与水争地的现象明显加快。在沿淮河中游的行洪、蓄洪区和圩内，已有400多万亩耕地、300多万人口，原来二三公里宽的河道在稠密的人口挤逼下，最窄处只有400米。河道变窄，过流量小，洪水水位必然升高。可见，从根本上说，要控制行洪、蓄洪区的灾情，还要从控制人口抓起。

众所周知，湖泊是最好的天然水库，具有巨大的蓄洪防灾能力。然而，多年来由于围湖造田、泥沙淤积等原因，湖泊面积急剧减少，蓄水能力大大下降。这也是1991年大水的重要原因之一。

就拿太湖来说吧。这里本是中间低周边高的碟形洼地，排水问题一直十分困难，但人们依然肆无忌惮地大量围垦。新中国成立后的40年中，围垦面积多达530平方公里，太湖湖面也由2490平方公里缩减到2330平方公里，太湖的蓄水能力大大下降。据计算，如果退田还湖，1991年洪水位将降低20厘米，不至于超过1954年的最高水位。

由于中上游地区水土流失加剧，太湖本身的淤积也十分严重，湖水出入的河道淤塞不畅。据测定，1991年前的几十年中，太湖以每年1.6～1.8毫米的速率淤浅，也就是说，在蓄水量相等的情况下，1991 年太湖水位比 1954 年要高 6 ～ 7 厘米。

相反，由于工业的发达，地下水抽取过量，流域内大中城市地面下降。从 1957 年到 1985 年，苏州市平均年沉降速率达 20 ～ 30 毫米，局部地区超过 40 毫米，市区地面沉降中心累计沉降量已达 1100 毫米，累计沉降量 600 毫米的地区扩展到市郊 80.4 平方公里。无锡市区基本相似。市区最大沉降量累计达 1050 毫米，沉降量大于 500 毫米的分布范围超过 59.5 平方公里。常州的地面沉降发生时间晚，但发展速度快，市区最大累计沉降量已达 1200 毫米，沉降量大于 600 毫米的地区也有 43 平方公里。湖底提升，城市下降，进一步增加了洪水成灾的可能性。仅仅因为地面沉降而使苏锡常地区在 1991 年大水中扩大的受淹面积达 1300 平方公里。

太湖的大水同样暴露出太湖治理的重大失误。早在 1954 年太湖大水之后，专家学者就开始探讨治理太湖的问题，一致认为必须给太湖找到出水通道，但由于各方意见不一，这项工程没有完成。80 年代中后期，《太湖流域综合治理规划方案》提出了全面治理太湖的十大骨干工程，如果这些工程能够完成，太湖及周围平原河网地区的洪涝水能够及时排出，就可以大大缓解和减轻洪涝灾害。遗憾的是，迄至1991年洪水再一次袭击太湖，这十项工程一个也没有完成。

一场水灾唤醒了全国人民的水患意识，党和政府决心下大气力抓水利建设。在9月中旬一次国务院会议上，田纪云强调指出，必须清醒地认识到灾害暴露出的淮河太湖治理中存在的问题，这就是：防洪排涝标准低，缺乏骨干性工程；一些地区从局部利益出发，在河道、湖泊中盲目围垦，人为设障，影响行洪蓄洪；城市、工矿企业、铁路等防洪能力弱；行洪、蓄洪区经济发展，人口增加后，相应的防洪安全没有跟上；流域内有关地区和部门未以大局为重，主动配合不够，缺乏对全流域的统一管理。痛定思痛，我们应认真总结这些经验教训，必须从人口、经济、环境协调发展的战略高度，重新认识水利建设的重要性。

太湖、淮河的治理方案提出来了。

黄河小浪底大型水利枢纽前期工程正式开工了。

三峡工程的炮声响了。

中国政府在制服水患的道路上又迈向了新的征程。

三 决战

——1998 年中国大洪水

20 世纪末的 1998 年，进入改革开放攻坚阶段的中华民族，似乎注定要经受一次来自大自然的最严峻的挑战。

早在 1992 年，由中国灾害防御协会暨国家地震局震害防御司编撰、地震出版社出版的《中国减灾重大问题研究》一书即明文预测：1998 年前后为洪涝期，长江中下游和四川盆地可能是变化最显著的地区之一。

1997 年底，在江西省防汛抗旱总指挥部召开的专家座谈会上，气象和水利专家预测得更加具体：1998 年汛期，长江中下游及江南北部地区降雨将偏多 2 至 5 成，局部地区 5 成以上，江西省要做好抵御 1957 年型洪水的准备。

然而，让这些气象、水利和灾害专家们感到震惊的是，这次预料之中的大洪水居然来得这么早、这么猛、这么广。

不尽洪流滚滚来

至迟从 1997 年冬天开始，不祥之兆便笼罩在长江中下游的广大地区。对这一地区的降水有重大影响的青藏高原连降大雪，江西、浙江、太湖等华东大部分地区也出现了新中国成立以来少有的冬汛气候。

年关刚过，这些地区又出现连绵阴雨及至暴雨天气，累计降雨量比同期偏多 1 倍以上。至 3 月中旬，赣江、湘江、闽江等江河已相继出现历史最高水位，长江武汉关水位在 1 月 21 日比历年平均值超出 4.52 米，是武汉有水文记载 230 年来枯水期最高水位。江西全省 3 月 10 日即被迫进入汛期，比正常年份整整提前了 40 天。就连宁夏和新疆等西北地区，也在 5 月份发生大洪水，成千上万的居民失去了家园。

从 6 月到 8 月，伴随着三次持续大范围强降雨过程，长江流域终于爆发了 20 世纪以来第三次全流域性大洪水。

据有关资料分析，第一次降雨过程出现在 6 月

12 日到 27 日，江南大部分地区暴雨频繁，江西、湖南、安徽等地降雨量比往年同期多 1 倍以上，江西北部多达 2 倍以上。

7 月 4 日至 25 日，再次出现大范围强降雨天气，长江三峡地区、江西中北部、湖南西北部和其他沿江地区，降雨量比常年同期偏多 0.5 至 2 倍，局部地区甚至偏多 5 至 10 倍不等，特别是 21 日 8 时至 23 日 8 时的两天时间，降水总量竟高达 458 毫米，为百年来所罕见。

迄至 7 月末到 8 月中旬，受 40 多年来最大的西太平洋副热带高压影响，本应北移的夏季雨带仍徘徊不进，长江上游、汉水流域、四川东部、重庆、湖北西北部、湖南西北部暴雨迭至，降水量比往年同期多 2 至 3 倍。

旱汛、强雨、长时间、大区域，长江流域最令人担忧的上下游遭遇、干支流叠加的特大洪水又出现了。上中游来水接二连三咆哮而下，洞庭湖、鄱阳湖和各支流洪水又源源不断地汇入长江，于是起于 7 月上旬，止于 9 月初，先后在干流一线形成 8 次洪峰，峰高量大，峰峰相连，长江干流宜昌以下河段全线超警戒水位，其中大约 360 公里江段和洞庭湖、鄱阳湖水位超过历史最高值。特别是本年度长江最高洪峰即第 6 次洪峰通过时，沙市水位于 8 月 17 日升高至当年最高水位 45.22 米，比 1954 年高 0.55 米。随后的 20 日，城陵矶水位亦达到有记录以来从未有过的 35.94 米，超警戒水位 3.23 米，流量达到 36800 立方米／秒。

滔滔洪流，奔涌呼啸，直奔滨湖沿江的广大城乡地区。

6 月 25 日，江西抚州地区受暴雨袭击，抚河沿岸有 8 个县城进水，205 个乡镇全部受灾。第二天，鄱阳湖水系陡涨的昌江洪水灌进了不设防的历史名城景德镇，将近 30 平方公里的市区一片汪洋，最深处达 6 米多，城区水、电、气全部中断，主要街道被淹 26 条，绝大部分工矿企业被迫停产或半停产，直接经济损失 28.67 亿元。

7 月 24 日晚 10 时许，位于西洞庭湖的湖南安乡县安造大垸溃决，洪水突破垸内三道防线，直逼县城，全垸 16 万亩良田和 20 万群众处在危难之中。安造垸成为洞庭湖区受灾最严重的一个堤垸。

8 月 1 日 20 时 20 分许，湖北嘉鱼县簰洲湾合镇垸堤溃决，江水破堤而入，合镇乡、簰洲镇 29 个村落、9 万余亩耕地顿时化为泽国，生活在这里的 5 万余名群众和 377 名抢险官兵，包括一位将军、一位大校和一位武装部长，被卷入了洪涛之中。事后查明，至少有 400 余名当地群众和 19 名官兵于洪水中遇难。

8 月 4 日，守卫了两个多月的江西九江江新洲大堤，在高于该垸保证水位 0.75 米的洪水挤压下溃决。湍急的江流穿过百米长的大口子扑向面积 78 平方公里的江洲镇。转眼之间，6 万多亩良田被淹，千余栋房屋被毁，4.2 万人口成为灾民。那些逃到房顶、树上的群众也纷纷掉入洪水中，或是死命挣扎，或是抱着门板、木棍漂流。江洲人在度过了自 1954 年决口以来的第 44 个丰收年之后，再一次沦为泽国灾民。

8 月 7 日凌晨，洪水无情地撕破了防守不力的湖北公安县孟溪大垸，全垸 340 余平方公里面积中的 250 平方公里土地，连同孟溪在内淹没于洪涛之下，受灾人口多达 13.7 万余人，损失巨大。

也就是在这一天，在长时间高水位浸泡和大风大浪冲击下险象环生的长江干堤，终于在九江段发生了 1998 年唯一的一次大决口。当时号称由钢筋混凝土制造、固若金汤的防洪墙突然坍塌，顷刻间形成 40 米左右的溃口，汹涌的洪水以每秒 400 立方米的流量和高达 7 米的落差冲向九江城区，40 余万九江人的生命安全受到了严重威胁。

在洪水中巍然屹立的武汉市，也未能从严重的内涝灾害中幸免。从 7 月 21 日凌晨 4 时至 22 日 17 时，一场百年未见的大暴雨袭击了武汉市，约 1.1 亿立方米的雨水倾泻而下，将这座著名的火炉城变成了大水库。全市有一半以上地区严重积水，最深处达 3.8 米，武昌丁字桥、傅家坡、花桥小区等一楼住宅大部分淹没于水中，成千上万的群众被困在树上、高楼中或平房顶上，等待救援。平日繁华的街市，涌进了活蹦乱跳的游鱼。

大江两岸，从山地到平原，从城市到乡村，咆哮的洪水就这样淹没了良田，吞噬着村庄，冲毁了工厂，阻断了交通，直接威胁着千百万人民生命财产的安全。

祸不单行，就在长江流域洪水肆虐之际，东北的松花江、嫩江又连续发生大洪水，其来势之猛、持续时间之长，洪峰之高、流量之大，都超过了历史最高纪录。

8 月 9 日，嫩江水位暴涨到 149.39 米，超过警戒水位 2.6 米。嫩江大堤岌岌可危，沿江百万人民群众的生命财产安全受到严重威胁，数百万顷良田面临灭顶之灾。

8 月 11 日晚，嫩江第四次洪峰经过黑龙江省泰来县，水位高达 149.37 米，超出警戒水位 1.97 米，托力河乡南大堤突然决口，齐（齐齐哈尔）平（四平）铁路路基被撕开一道长达 500 米的口子，90 万亩良田和几十个村庄变成一片汪洋，8000 多名妇女、老人和孩子被洪水团团围困。

8 月 14 日，汹涌的洪峰直逼大庆、哈尔滨。由于暴涨的洪水和倾盆大雨聚成一次次洪峰，嫩江大堤在经历了三次洪水冲击和 50 天高水位浸泡之后，有的险段不堪重负，先后决口。

8 月 19 日，哈尔滨水位已经超过警戒水位，大庆三道防洪线已被冲垮两道。

狂风浊浪，南北夹击，大半个中国漂泊在洪波浪尖之上。

截至 8 月 22 日的初步统计，全国遭洪水袭击省（区、市）共 29 个，受灾面积 3.18 亿亩，成灾面积 1.96 亿亩，受灾人口 2.23 亿人，死亡 3004 人（其中长江流域 1320 人），倒塌房屋 497 万间，直接经济损失 1666 亿元。

巨手挽狂澜

在共和国的历史上，长江大水灾已非止一次。

同样，在共和国的历史上，长江的任何一次大水灾无不牵动着她的心脏——中南海。

1998 年的夏秋，以江泽民为核心的共和国第三代领导集体，正是在这里，在抗洪抢险的第一线，直接领导了一场关系着千百万人民群众生命安全，关系着当代中国经济发展与社会稳定，关系着保卫改革开放和现代化建设成果的重大斗争。与 44 年前那场空前的抗洪斗争相比，这一次在同一地区所发生的人与自然之间的殊死决战，却来得更艰巨，也更加惊心动魄。

人类自从选择了堤坝，并把堤坝作为抗击洪水最主要的工程手段以来，同时也将自己置身于一个孕育着更大灾害风险的环境之中。凶猛的洪水如果被有效控制在河道之内而不再泛滥横流，自然会大大减轻它所带来的危害。但是，被约束在堤内的洪水尤其是特大型洪水，往往又会迅速抬高水位，并不断地积累势能，以至一旦溃决便会倾泻而下，势不可当，由此造成的破坏也更大，更严重，正所谓"川壅而溃，伤人必多"。自有文字记载以来，中国人所推崇的治水英雄之所以是疏九河而入海的大禹，而不是以堤防"壅防百川"的共工和崇伯鲧，其道理亦在于此。

新中国成立以后，从严酷的战争中走出来而熟练于"打得赢就打，打不赢就走"这一战争法宝的第一代领导人，固然在胸中已经勾画出"高峡出平湖"的宏伟蓝图，但由于客观条件的限制，他们所走的征服长江的第一步棋却是在荆江地段设立分洪区，而且迅即在 1954 年发生的大水灾中发挥了巨大的减灾效益。惨痛的教训与成功的经验指向了同一个事实：面对特大洪水，只有疏导，才是上上之策。

然而随后不到半个世纪的时间给长江流域带来的巨大变化，却将我们这个民族逼进了一条狭窄的生存胡同。一方面它在这里积累了太多太多的生命财产和物质财富；另一方面，它又不知不觉地剥夺了人们用来保护这些生命和财产的自然空间。新一代共和国领导人正面临着前所未有的复杂局面，也肩负着前所未有的民族重任。

1954 年，曾经广布于丘陵山地的美丽的大森林和镶嵌在平原洼地的庞大的淡水湖群，以其广博的胸怀，涵蓄水源，容纳百川，调节洪峰。而到了 1998 年，因人口剧增导致的空前的山地垦伐和围水造田，却使我们至少损失了相当于两座三峡水库的防洪库容。

1954 年，因排水不畅，一部分雨水滞留在长江中下游的平原地区，造成严重的内涝，客观上大大缓解了长江干堤的防洪压力。相反，在 1998 年，过去成涝的雨水却因各地已经建立起来的发达的排涝系统而被迅速排出，以致变成了下泄的洪水，仅江汉平原和洞庭湖区就可以以每秒 1.2 万立方米的速度排出滞水，只要两个地区排涝系统以 50% 的开机率同时启动，排水流量就相当于江汉平原的一次洪水，可以使武汉关水位上升 5.6 米左右。

1954 年，我们可以牺牲江汉平原来换取武汉三镇的安全，但在 1998 年，由于人口和财富的高度积聚，无论是任其溃口还是主动分洪，都将是一场全国性的大灾难，后果不堪设想。

历史的经验固然昭昭在目，现实的挑战又不容回避。以江泽民为核心的党中央审时度势，处变不惊，以超越历史和挑战灾难的恢宏气魄，果断确立了震惊中外的决策：严防死守，确保长江大堤的安全、确保重要城市安全、确保人民生命安全。"严防死守"和"三个确保"成为抗洪斗争的基本方针。

事实上，在抗洪抢险的每一个关键时刻，都有党中央的部署，都有共和国第三代领导集体在第一线的身影。

7 月 4 日至 9 日，国务院总理朱镕基飞抵长江，视察了江西、湖北、湖南的防汛抗洪工作，要求各省按防御 1954 年甚至比那一年更大洪水的标准防洪，确保长江安全度汛。

8月7日，在长江第四次洪峰袭来的危急关头，江总书记主持召开了政治局常委扩大会议，会议作出了著名的八条决定，要求把抗洪抢险作为当前头等大事，全力以赴抓好。这一决定，成为全国抗洪抢险新的动员令。

8月9日上午，受江泽民总书记的委托，朱镕基总理第二次赶到长江大堤，下荆江，赴洪湖，检查指导抗洪抢险工作。在九江堵口现场，面对英勇抢险的解放军、武警官兵，总理泪洒江堤。临别拱手嘱托："拜托同志们，谢谢同志们！"

8月13日，正当长江一线的广大军民决战第五次洪峰之际，江泽民总书记冒着酷暑亲赴抗洪抢险第一线，先后前往荆江大堤、洪湖大堤以及武汉龙王庙、月亮湾险段，查看险情，慰问军民，指导抢险。8月14日，江泽民总书记在武汉发表重要讲话，代表党中央、国务院和中央军委作出总动员，要求全党、全军、全国人民继续全力支持，夺取长江抗洪抢险决战的最后胜利。

8月16日，长江超过历史最高水位的第六次洪峰进入荆江，江泽民总书记闻讯后，立即指示温家宝副总理赴荆江指挥，同时向抗洪的解放军发布命令：沿线军队全部上堤，军民团结，死守决战，夺取全胜。

8月21日，鉴于全国抗洪抢险工作的需要，江泽民主席决定推迟原定9月初对俄罗斯和日本的国事访问。国家领导人因自然灾害而推迟外出访问，在共和国外交史上，这是第一次。

在严峻的抗洪形势下，党的第三代领导集体始终表现出巨大的人格力量，他们以自己的拳拳爱国之心，殷殷赤子之情，将人民群众凝聚起来，组织起来，形成一道坚不可摧的钢铁长城。在包括嫩江、松花江流域在内的整个抗洪斗争期间，以江泽民同志为核心的党中央，共调动了30余万（长江流域约18万）解放军和武警官兵，800多万（长江流域670余万）干部群众，如果加上由中央统一部署，由中央各部委、地方各级政府分层实施的组织工作，以及为之服务的交通、通信和医疗服务人员，这次抗洪抢险动员的总力量估计有上亿人口。这在中国历史上是绝无仅有的，在世界历史上也是绝无仅有的。

一场特殊的战争

1998年的长江流域，集结了数十万名英勇的人民子弟兵。从洞庭湖到鄱阳湖，从荆江大堤到九江两岸、江皖一线，总计18万名解放军和武警官兵用自己的血肉之躯铸造出一道抵御洪水的钢铁长堤。

这是一场战争，是 1949 年渡江战役以来人民解放军在长江流域最大的一次兵力集结。

这又是一场特殊的战争，是新中国成立以来人民解放军为抵御自然灾害而进行的最大规模的军事行动。

说它是一场战争，是因为无论在计划部署、组织指挥方面，还是在集结开进、投入抢险方面，抑或是后勤保障方面，这次军事行动都有强烈的实战性质。

入夏伊始，远离战争的中国军人们就异乎寻常地紧张起来。6 月底，随着中央军委的一声令下，一支支驻灾区人民解放军和武警部队的广大将士迅速奔赴抗洪第一线。7 月、8 月，汛情急速发展，洪峰迭起，江泽民主席及时指示中央军委调兵遣将，紧急增援，借助多年来现代化建设过程中建立起来的后勤保障和运输通信系统，来自南京、广州、济南、北京等军区的陆军、海军、空军和武警所属各部队，在各大军区主要军政领导和 100 多位将军的率领之下，或实施前所未有的大空运，或采用摩托化开进，或铁路输送，或水路转运，昼夜兼程，风雨无阻，从祖国的四面八方，安全、及时地到达指定位置，集结在长江中下游千里长堤上，摆开与洪水决战的战场。

沈阳军区、北京军区也紧急出动，所有部队全部按时到位。当年在大兴安岭扑火斗争中立下头功的某集团军，也兵分两路，直抵江桥、拉海、老龙口等险段，严阵以待。

到 8 月 23 日，人民解放军和武警部队在长江、松花江和嫩江流域先后投入抗洪抢险兵力 433.22 万人次，组织民兵预备役部队 500 多万人，动用车辆 23.68 万台次，舟艇 3.57 万艘次，飞机、直升机 1289 架次。

诸多兵种和物资装备如此大范围、远距离、高节奏地协同调动、调运和集结、配置，就如古代神话中可以随水涨而不断滋生的息壤一样，峰来兵增，水涨堤高，自始至终将洪水牢牢地封锁在大堤之内。

有限的篇幅叙不完发生在抗洪前线的每一次激烈战斗，我们只能把镜头聚焦于万里长江最险要的堤段——荆江大堤，聚焦于守卫在总长 275 公里的洪湖和监利这两个荆江大堤最危险地段的空降兵某军。

8 月 6 日，长江第四次洪峰袭击沙市，沙市水位接近 45 米，这是荆江分洪警戒线，长江的安全到了危急关头。分洪保堤问题成为上自中央、下至各级领导和人民群众关注的焦点，也成为长江抗洪抢险斗争决策的关键。水利专家们把希望的目光投向了监利和洪湖——荆江大堤最薄弱的环节，只要守住这两段，即使水位超过 45 米也可以不分洪。而守卫在这里的全体官兵已经在大堤上连续奋战了 37 个昼夜，每天排除险情约 2.6 次，人困马乏。危急关头，军长马殿圣向前来查看汛情的温家宝总指挥立下军令状："我们有决心完成任务！"

46 年前，这支部队在上甘岭战役中以"坚决固守，寸土必争"的气概，取得了最后的胜利。46 年后，黄继光的旗帜飘扬在了荆江大堤上，以与上甘岭战役同样的精神长存在荆江大堤上。

从 7 月 3 日上堤到 8 月 19 日，该军先后出动官兵 242 批次，48690 人次，车辆近 2 万台次，冲锋舟480 艘次，排除险情 115 处，创造了固守堤坝时间最长、排除险情最多而且未破一堤一圩的纪录。

两强相逢勇者胜。

从 8 月 7 日到 12 日，英勇的人民解放军和武警部队，在工程技术人员和地方广大干部群众的大力协助下，只用了 5 个昼夜的时间，硬是堵住了危及九江全市、危及京九大动脉、危及长江河道走向的九江城防大堤 60 多米长的决口，不仅创造了中国水利史上绝无仅有的奇迹，也创造了世界水利史上绝无仅有的奇迹。

从最初发现险情到决口后沉船截流，从抢筑第一道围堰到堵口合龙，从抛土闭气完成第二道工程到填塘围基工程和第三道防线竣工，取得堵口工程的最后胜利，南京军区的 4 个师 12 个团以及北京军区某集团军特种技术分队、武警某师和武警江西省总队共 2.4 万多人，轮番奋战，沉船 10 艘，填筑土石 10 万方，抛填粮食 2700 吨，动用船只 263 艘、车辆 200 辆、大型机械设备 25 台，钢材 800 吨，工布 8400 平方米。据估算，若用载重 4 吨的卡车来装运这些物料，至少需要 5 万辆卡车才能装完。而这 5 万辆卡车排起队来，长度相当于 80 条长安街。

千万不要用现代战争的眼光来衡量这次具有现代战争特点的堵口战役。从南京飞抵九江的南京军区副司令员董万瑞一语破的：

> 我们和大自然作斗争，必须实实在在，来不得半点虚假。真刀真枪地和敌人作战时，我们可以虚虚实实，有进有退，可以使用各种手段和计谋迷惑对手。在这里，这些全没用。我们要做的，就是义无反顾地向前，冲！冲！冲！

的确，在滚滚的浊流面前，飞机、大炮以及任何新式武器都没有了用武之地。当现代化的运输工具把他们载运到江堤之后，真正能够派得上用场的，还是战士们身上的气力和血肉之躯。

在构筑第一道围堰时，数千名官兵被滔滔洪水挤逼在长不足 130 米、宽不足 30 米的 7 条沉船之上，稍有不慎便会掉入江中，被洪水卷走。但是，为了不使决口继续扩大，战士们用手扒，用脚蹬，肩扛背驮，尽可能快地向江中投石抛料。

在决口快要合龙时，口愈小水愈急，连钢管都被冲击得弯曲、变形。紧要关头，担负合龙任务的某红军团团长、政委、参谋长以及 30 余名排以上干部和 60 多名共产党员纷纷跳入水中，冒着被钢管戳穿、被洪水吞没的危险，筑起两道人墙，终于制服了雷霆万钧的江水。

在整个堵口过程中，烈日的炙烤和持续三十八九摄氏度的高温，使每个战士每天要喝掉 20 多瓶矿泉水，而无须小便。尽管如此，还有许多人中暑脱水，最多的一天有 150 多名官兵晕倒，许多官兵经过昼夜的高强度抢险，嘴里还含着饭就睡着了。由于长时间的江水浸泡，80% 以上的官兵得了皮肤病，烂裆、烂手、烂脚的人很多，严重的血肉模糊，把短裤都粘在上面，每走一步都钻心地疼。我们的子弟兵是在向自己身体的极限挑战。

其实，挑战人体极限的又何止限于九江堵口的将士们。

被誉为"钢铁战士"的安徽安庆军分区专业军士、汽车驾驶员吴良珠，拖着肝癌晚期的身子，在江堤上开汽车、垒堤堰、堵渗漏、背沙袋，整整战斗了55个日夜。

广州军区"塔山守备英雄团"战士李向群连续参加9次抢险，最终背着沙袋栽倒在大堤之上。

在嫩江之滨，某师官兵奉命镇守吉林嫩江大堤的最险处白沙滩段。在决战的关键时刻，3000多名官兵却出人意料地被从另一处涌来的洪水截断了后路，困在了白沙滩，陆路交通和通信联系全部阻断。全体官兵咬紧牙关，背水一战。整整10天10夜，在抢险物资和后勤供给极其困难的情况下，战士们始终像钉子一样钉在大堤上。四次洪峰过后，10公里沙堤无一寸决口。

我们的战士并不仅仅是大堤的守护神，他们还是营救被洪水围困群众的"生命之舟"。据不完全统计，截至8月底，经人民解放军和武警战士直接抢救和转移的群众至少有60万人。仅广州军区某舟桥旅，便从水中营救出群众6.1万余人，安全转移群众7.9万余人。

8月1日建军节晚上，在湖北嘉鱼县的簰洲湾，广州军区某舟桥旅5营和空军高炮某部225营的官兵们，用生命和鲜血谱写了1998年中国抗洪救灾最悲壮的一页。

这两支原本前往抢险的英雄部队，在突遇溃洪的生死瞬间，一面自救互救，一面营救水中的群众。共有19名战士牺牲在这里，空军某部高炮团一连指导员高建成是牺牲的勇士中职务最高的军官。他在连续救出几名战友之后，被洪水卷走。军委主席江泽民满怀深情地称赞高建成和他的战友是真正的英雄，是新时期最可爱的人。

在东北，吉林预备役工兵团水上抢险救护分队，在20多天的时间里，先后出动900多次，水上航行6000多公里，路上机动2100公里，在5个市、县的地域先后抢救遇险群众5600多人，每人平均抢救的遇险群众达百人以上。

战士们视死如归，慷慨赴难，赢得了沿江各界乃至全国人民的衷心拥护和爱戴。群众像战争年代那样支援部队，像爱护亲人那样爱护子弟兵，到处出现军爱民、民拥军的生动场面。军队和人民之间的血肉联系空前加强了。

人民军队不愧为保卫国家和人民的钢铁长城！

人民的胜利

簰洲湾，这个在地图上寻不到的小地方，之所以一夜之间闻名于世，是由于高建成等 19 位烈士英勇地牺牲在这里，也是因为一个名叫江姗的小姑娘在大难临头之际向世人展现了动人心魄的生命潜力。

一片汪洋之中，一株在激流中摇动的树干上，一个年仅 6 岁的小姑娘，牢记着被洪水卷走前奶奶的嘱托：不合眼，不松手，等着戴"红五星"的叔叔。

她整整坚持了 9 个小时！

我们赞美戴着"红五星"的叔叔，我们同样赞美小江姗。从她弱小的生命上，我们看到了中华民族直面灾难的浩然之气，也看到了中华民族坚忍不拔的抗争精神。

堤坝上，洪流中，来自沿江两岸 670 余万普普通通的人民群众和党员干部，正是用这样一种精神默默无闻地守护着他们的家园，守护着生养并凝结着他们生命的土地以及在这片土地上共同生活的妻子儿女和父老乡亲。

为了守堤，农民砍掉自家已长出嫩苞的玉米，捐出门板做挡浪的材料，把准备盖房的木料、红砖拉到了大堤上。

为了家园，他们可以舍去一切！

在荆江大堤上，为了堵住出险的涵闸，正在巡堤的村民殷衍太，抱起一袋沙土，就跳入了激流，结果被汹涌湍急的江流吸入了涵管之中。三个小时之后，才被闻讯赶来抢险的群众救出来。此时，他已经奄奄一息了。当他被问到为什么如此英勇时，他的语调平静得出奇：

> 大堤要是倒塌，垸内几万人口，十几万亩农作物就全没了。里边有我的老母、媳妇、儿女，还有三十七亩耕地，有猪、牛……

幸运之神使他的生命奇迹般地延续了下来，更多的人则用自己的生命奇迹般地延续着大堤的安全，也延续着父老乡亲的安全。

说起来，这些抗洪英雄都不过是一些平平常常的百姓，是普普通通的工人、农民、市民和知识分子，但他们在危难时刻表现出来的舍生忘死、顽强拼搏的崇高精神，却在家乡的土地上，也在中华民族的历史上树起一座座不灭的丰碑。

可以想象，这样一群以性命与洪水相搏的人，一旦扒开自己昼夜守护的大堤，心灵上所承受的将是多么巨大的痛苦。然而在巨大的洪灾面前，在个人利益与集体利益、眼前利益与长远利益、局部利益与全局利益发生冲突的时候，他们并没有执着于一己之私念，他们焕发出来的牺牲精神和献身精神更突破了堤垸和家园的有形界限，化作巨大而无形的屏障，护卫着长江干堤的安全。

8月6日，长江沙市段水位接近45米，江汉平原、京广铁路和武汉三镇面临着被洪水吞没的危险。一道命令急传荆州市，公安县荆江分洪区准备分洪。从当天晚上20时到次日12时，短短16个小时之内，32万群众挥泪撤离家园。

8月9日，为了迎战长江第四次洪峰，湖北监利县最大的民垸三洲围垸，在坚守了40多个昼夜之后，被挖开了一道浅沟，浑浊的江水滚滚而入，顿时淹没了丰收在望的田野。至此，监利县已经主动弃守了16个民垸，全县被淹农田31万亩，鱼塘4万亩，受灾民众10万余人，直接经济损失数亿元。

江西永修县虽然没有分洪任务，却默默承受着和分洪一样的损失。所有增援的部队和民兵，所有机关干部和突击队，所有紧急调拨的抗洪物资，都集中在郭东圩和永北圩这两条并不很长的圩堤上，因为这里有 10 公里长的京九大动脉穿过。京九保住了。永修其他圩堤却相继溃决，全县 34 万人中有 31 万人受灾，49.7 万亩耕地中有 42 万亩外决内涝，大部分两季绝收。

我们应该永远记住灾区人民为了全局利益和国家利益而作的义无反顾的选择。

近代以来，我们这个民族经历了太多的苦难和屈辱，但在经过社会制度变革的巨大洗礼之后，中华民族的精神风貌已焕然一新。那种曾经被外国人耻笑为"大难临头各自飞"的一盘散沙状态，已经一去不复返了。

同样，在抗洪抢险过程中，灾区各级党组织和广大共产党员身先士卒、冲锋陷阵，自始至终发挥着核心领导作用、战斗堡垒作用和先锋模范作用，赢得了人民的信赖，也成为抗灾的主力军。

尽管与 600 万抗洪大军相比，奋战在江湖堤防第一线的数十万各级干部党员，只占几十分之一，但是，这支队伍之中，不乏坐镇险段、现场指挥甚至和守堤军民一起扛沙袋、挑沙石的省委书记、省长，还有一大批"拼命书记"、"堵口县长"、"铁汉镇长"、"敢死队长"，正是这些人，使共产党员的形象在人民心中变成了一道道摧不垮的长堤。

智慧的长城

如果说百万抗洪军民以气壮山河的勇气赢得了亿万中国人民乃至全世界人民的高度赞誉，那么，来自气象、水文、水利、科技等部门的广大科技工作者，则以他们的聪明才智和现代科技手段，为降伏洪魔作出了极大的贡献。

可以毫不夸张地说，从党中央的宏观决策到每一个重大行动的部署和实施，从雨情、水情、汛情的预测到调度水库拦蓄洪峰，从查险、排险到指导抢险，每一个环节，几乎都离不开科学技术的支持，离不开科技人员的参谋与指导。科学技术为百万军民战胜自然灾害筑起了一道不可替代的智慧长城。

凡事预则立，不预则废。虽然迄今为止人类还不可能阻止重大自然灾害的发生，但重大自然灾害发生之前总会以一系列异常现象向人类发出警告，运用一切现代科学技术及早捕捉这些信息和征兆，并做出正确的分析和预测，就可以为最大限度地减轻灾害损失赢得宝贵时间。

正是因为听取了水利和气象专家对 1998 年夏天长江汛情的预测和建议，在 1998 年初，党中央和国务院就要求国家防汛抗旱总指挥部提早作出动员和部署。国务院副总理温家宝、水利部部长钮茂生等领导同志多次亲往长江、淮河、海河检查指导工作，明确要求长江沿线各省防总按预防1954年洪水做好一切防汛准备，并派出4个专家组赴湖南、湖北、江西、安徽帮助制订除险加固方案，同时追加长江防汛投资，强化堤防和除险加固。江西省则从上年年底开始，即编制了详尽的抗洪计划，制定了紧急情况下撤离群众的预案，当年年初又加大了防洪投入，追加资金占地方财政收入的3.21%，并且以地市为单位举办县级以上防汛指挥长培训班，讲授防汛抢险、防洪调度决策和防洪法规等知识，介绍出现泡泉、滑坡、决口时紧急处置的方法。湖南也赶在汛期之前，调整水库蓄水量，从而比正常年度多留出20多亿立方米的库容。

山雨欲来风满楼，一切防范工作也都在紧张有序地进行着。及至汛前，国家防总和有关的省防总对长江干流322处病险堤防共投入应急处理费7.02亿元，这些堤防在汛期无一决口，取得减灾效益57.6亿元。

洪水发生之后，多年来迅速发展的现代化水利信息系统开始满负荷运转起来。全球卫星定位系统、海事卫星遥测系统、水情自动测报系统、水位自动存储远传系统与水文站、水位站、雨量站、气象站联成测报网络，激光测距、水下自动遥测等一大批尖端技术设备间建起了一个高科技立体监测网，密切注视着长江流域的风云变幻。水涨水落、洪水水量、水位、流速、上下游走势、泥沙含量、降雨量、天气云雨等各种水情资料，每小时甚至半小时或 15 分钟就可以通过高速信息通道传送到长江防总和国家防总。

据不完全统计，当年入夏以来，水利部信息中心收到全国水情、雨情信息近 70 万条，每天向决策者提供各类简报、汇报、图表 12 类 1000 多份。准确、详细、及时的预报，为各级领导正确、高效地指挥抢险提供了科学的依据。

中央气象台对 7 月中旬三峡地区降雨天气的一次小小的会诊，也赢得三峡人民由衷的敬佩。当时长江第三次洪峰已经形成，即将到达三峡坝区，届时如果三峡地区降雨超过 50 毫米，洪峰浸及三峡工程，就将耽误一个月以上的工期，造成上亿元的经济损失。中央气象台立即启动"短期数值预报业务系统"，紧急会商，认定降雨量不会影响工程的进行。5 天之后，实测雨量仅比预测数值小 0.05 毫米，滔滔洪峰从三峡围堰下奔流而去。

远在春秋时代，先民们就企图借助一种神奇的力量，调洪遣流，喝令"水归其泽"，在 1998 年的抗洪抢险中，这种梦想，在水利专家手中变成了现实。而他们凭借的正是他们的智慧和被他们的指挥调度起来的新中国成立以来逐步形成的以堤防和水库工程为骨干的防洪体系。

清江流域地处长江暴雨中心，距荆江河段上游不到 20 公里，地理位置与长江三峡区间平行。进入 8 月，连日暴雨，长江、清江水位同时暴涨，沙市水位即将达到荆江分洪的争取水位 45 米，荆江大堤危如累卵。在对清江隔河岩水库大坝、闸门、副坝等要害部位承受能力及降雨情况精确计算的基础上，专家们明确指出，适当调度隔河岩水库的下泄洪水流量，错开两江洪峰，可确保荆江大堤的安全。8 月 7 日到 8 日，隔河岩水库超负荷运行，沙市水位稳定在 44.95 米水位线后下落。古人云：差之毫厘，谬以千里。出现在水文专家预测图上的毫厘之差，避免了灾难性分洪。

让水利专家最难忘、最惊心动魄的，则是 8 月 16 日上午 10 时许至凌晨 3 时许这 17 个小时，由于长江上游干流洪水与三峡区间洪水遭遇叠加，形成本年最大一次洪峰。16 日上午，沙市水位急速上升，远远突破了原定预报方案。

中央要求长江水利委员会水文局拿出最准确的预

报，并在 1 小时之内回答 6 个问题。分洪与否，事关全局。专家们采用超常规办法，反复计算、比较、论证，最后一锤定音：荆江大堤能够在较短时间内承受超于极限的力量。专家们的建议，再一次坚定了中央严防死守的决心。

"九江大堤决口震动了全国，九江大堤堵口合龙振奋了全国。"这振奋全国的堵口奇迹，与一个提出"溃口封堵实施方案"的年近花甲的截流专家息息相关。他就是国家防总江西安徽专家组组长、长江水利委员会设计院院长、高级工程师杨光照。8 月 9 日下午，在九江大堤堵口现场，朱镕基总理紧紧握住杨光照的手说：技术专家在这次抢险中发挥了高超的技艺，立了大功，党和人民感谢你们。

从水利部和国家防总，从全国各大流域水利机构，从沿江省市各级水利和水文部门，从大专院校和科研院所，千千万万名像杨光照这样的水利专家、技术人员以及当地"土专家"、"土水利"，纷纷奔赴抗洪抢险第一线，他们带去了堤坝隐患电法探测、振动沉管挤压注浆、高压喷射灌浆、四面六边护坡框架、高速高强化学材料等一系列令人眼花缭乱的新技术新材料，使在高水位浸泡下险象环生的长江大堤屡屡化险为夷。他们还带去了科学普及的春风，以通俗易懂的方式向群众传授抢险技能。有的技术专家将开沟导渗、治泡泉、治脱坡、建筑物查险几种常用排险技术编成民谣，在干部群众中广为传唱，使之家喻户晓，有的则编制《防洪抢险知识手册》广为散发。科学的武器一旦为广大人民群众所掌握，便会迸发出百倍、千倍的力量。截至抗洪结束，长江抗洪抢险的水利专家协助当地军民查处干堤发生的险情近5000处。当地的干部群众说："有水利专家在，我们就有了主心骨。"

神哉，中国高科技！

敬礼，中国的科技人员！

万众一心度劫波

1991年8月江淮大水期间，江泽民在会见日本前首相竹下登先生时，意味深长地说：

> 中国人有个好的传统，一旦发生大的灾难，就表现出很强的凝聚力。

7年后，发生在长江以及松花江、嫩江等地凶猛的洪水，再一次将亿万炎黄子孙的心紧紧联系在一起。

从首都到边疆，从沿海到内地，从城市到农村，从党政机关到工矿企业，从党员干部到普通老百姓，地不分南北东西，人无论男女老幼，人们在不同的岗位，以不同的方式，奉献出自己的一份爱心。

中央各部委在党中央和国务院的统一领导下，首先行动起来。水利部门昼夜奋战，及时掌握汛情、水情，指导抢险；民政部门争分夺秒，迅速发放救灾款物，转移安置灾民；铁道部门突击抢运救灾人员及救灾物资，确保铁路畅通无阻；邮政邮电部门千方百计，超常运作，使灾区和全国各地电信畅通，邮路不断；卫生部门紧急动员，组织大批医务人员深入灾区，防病治病。其他如教育部、建设部、农业部、司法部、国家经贸委、内贸局等国务院有关部门，无不雷厉风行，急事急办，特事特办，给灾区的抗洪救灾工作提供了强有力的支持。地方各级党委和政府也迅速组织起来，紧急调运大批防汛救灾物资，支援长江沿岸受灾各省。来自天津、山东、北京、广东等全国各地的现代化交通工具，满载着食品和药品等救灾物资，风雨兼程，从四面八方向灾区集结。

海内外中华儿女，一方面为灾区瞬息万变的雨情、汛情和灾情而忧心如焚，一方面慷慨解囊，救急扶危，掀起了一次又一次捐赠高潮。尤其是"我们万众一心"（中央电视台、中华慈善总会和中国红十字会合办）和"携手筑长城"（民政部、文化部合办）两台大型赈灾义演，在短时间内，即分别募款6亿元和13.93亿元。行动之快，数量之多，前所未有。

在长长的捐赠队伍中，有中央及地方各级干部，也有工人、农民和教师；有个体户、企业家，也有生活困难的下岗职工、残疾人和五保老人；有少数民族的片片心意，也有宗教界人士的热诚；有满头银发的老人，也有佩戴红领巾的少年儿童；有港澳台同胞及海外侨胞，也有远隔千山万水游学在外的莘莘学子，甚至还有在抗洪抢险过程中英勇牺牲的烈士的亲人。

截至8月25日，国务院、国家各部委已经通过各种渠道下拨各项救灾资金30.29亿元及大批救灾物资。中国大陆、港澳台及国际社会的捐款捐物，截至9月7日，共计折款人民币18.11亿元。

一颗颗诚挚的爱心，一场场无私的捐赠，化作食品、矿泉水、衣被、帐篷等物品，源源不断地汇集到灾区，凝结成抗洪抢险第一线广大军民最坚强的后盾，也激励着灾区千百万干部群众以更加坚定的信念重建被洪水洗劫的家园。

事实上，当千百万军民还在前线奋力抗击一次比一次凶猛的洪水时，受灾各省各级政府及有关部门已经在考虑如何安置灾民，并帮助灾民重建家园，以早日恢复往日安定的生活。他们一方面要采取就近安置的方式，在原居住处附近搭建帐篷供灾民居住，一方面实行一户对一户安置，将灾民安置到未受灾或受灾较轻的农户家中，或者鼓励他们投亲靠友。在灾区，绝大多数受灾群众生活有序，情绪稳定。

为了避免过去灾后重建过程中简单恢复、原样复制的弊端，从根本上远离长江洪患，各地纷纷决定在充分尊重自然规律和经济规律、统筹考虑乡镇发展和生态平衡等各种因素的基础之上，统一规划，统一建设，力求把灾区乡镇建设提高到一个新的层次。

同样是在这片废墟上，活跃在灾区的成千上万支医疗队和医疗工作者，以救死扶伤的人道主义精神构筑起的防疫大堤，扼住了灾时、灾后瘟疫的发生和蔓延。

"大灾之后有大疫"，这是一部漫长的灾害史给后人遗留下来的似乎不可抗拒的规律。

"大灾之后无大疫"，这就是久经考验的中国卫生防疫系统坚定不移的奋斗目标。

在千百万被洪水逐出了家园的灾民之中，还生活着一群关系着灾区和中国未来的特殊群体，秋风起时，他们的命运也成为社会各界广泛关注的焦点。这

三 决战

就是 8000 万面临失学威胁的孩子们。

令人欣慰的是，由于党中央、国务院的亲切关怀，由于各级教育系统的一致努力，也由于社会各界的热情帮助和灾区各级政府和广大群众的精心安排，绝大部分孩子都已经回到了课堂。

在水退之后紧急修复的教室里，在长堤上临时搭建的救灾帐篷里，在敞开大门接受他们入学的兄弟学校里，在专门腾出来的仓库、民兵训练基地以及政府机关的办公室里，甚至在游弋于水面的木船上，到处洋溢着孩子们的笑声和读书声。

洪水冲毁了孩子们的校园，但冲不断他们求真求知的征程。

大灾之后，坚强的灾区人民既没有消极等待，也没有怨天尤人，而是迸发出空前未有的积极性，抗灾自救，自力更生。

在湖南省，滞水排干到哪里，补种的作物就种到哪里。到 9 月 14 日，湖南省共修复水毁工程 11.2 万处，改种、补种作物 800 万亩，全省绝收的晚稻也改种倒春作物 130 万亩，种玉米 20 万亩，蔬菜 50 万亩。

在江西省，长江、鄱阳湖水位尚未退到警戒线以下，就已经出现了抢修水利的高潮。截至 9 月 10 日，全省已修复水毁工程 27854 处，完成投资 4.46 亿元，加固堤防 771 公里，疏浚河道 303 公里，加固大中型水库 25 座，完成土石方 3055.9 万立方米，比上年同期增长 15.8%，上工劳力 239 万人，比上年同期增加了 43.3%。

人同此心，情同此理。12 亿中国人民空前加强的凝聚力，如同人类记忆中永不消失的诺亚方舟，正托负着古老而又年轻的中国在惊涛骇浪中平稳地航行。

再造好河山

1998 年 9 月 4 日，随着江泽民的一声令下，大军云集的江堤逐渐平静了下来，抗洪斗争取得了最后的胜利。但东流而逝的江水于世纪末的再一次咆哮，又一次极大地唤醒了全国人民曾经淡忘的水患意识，在一片天灾频频的土地上，人与自然之间的协调共处才刚刚拉开了序幕。

还是在湖北抗洪前线，作为党和国家最高领导人的江泽民，一边就决战阶段的长江抗洪抢险工作作出总动员，一边深刻地指出："我国防洪排涝的能力还不高，必须采取有效措施，加大水利建设的力度，提高防范洪涝灾害的能力。"

8月31日，正在东北灾区考察灾后重建工作的国务院总理朱镕基，在哈尔滨郊区会见了从砍树劳模变成植树劳模的林业战线的老英雄马永顺，强调指出：要下决心把砍树人变成植树人，为子孙后代留下一个青山绿水的锦绣河山。

回味一下1998年的人水之战，反观近半个世纪的共和国历史，党的第三代领导集体的深谋远虑绝非空穴来风。

毫无疑问，在1998年的抗洪抢险过程中，准备得最早、最充分的是江西省，一幅幅的"抗洪抗到水低头"的大幅标语，也表明了江西广大军民战胜洪水的决心和自信，然而，长江干堤九江段防洪墙瞬息之间土崩瓦解，几乎摧毁了人们用血肉之躯铸就的防线。8月12日，在九江决口处连续鏖战了三天两夜的北京军区某集团军某连指导员愤然告诉记者，在这段被九江人视为固若金汤的混凝土防洪墙中，居然看不到钢丝，有的也是混凝土碎块中露出的几根细铁丝。来自水利专家的勘察结果更让人触目惊心，施工过程不仅存在严重的偷工减料，混凝土的标号没有达到设计要求，而且防洪墙的墙基处理也甚为不当。之所以如此，除了工程管理的疏漏之外，堤防投入严重不足才是一个更重要的原因。

九江防洪墙的崩塌引起了人们对长江中下游干堤的忧患意识。自 1954 年以来，尽管国家投入巨额资金对长江中下游沿江 3570 公里的江堤和近 3 万公里的支堤、民堤进行了加固加高，并修建了大量水库，使防洪标准由解放前的 3 ～ 4 年一遇提高到 10 ～ 20 年一遇，但大都是在原有堤防的基础上进行的，这些堤防大部分又是在明清时期设计修建的，工程老化，防洪标准不高，易出险情，再加上加固而成的堤坝缺乏连贯性和整体性，防守战线长，在特大洪水的袭击下自然岌岌可危。据有关专家分析，当年长江干堤的各种险情，大都出现在老河道和新旧堤坝交接口处。长江隐患何时休？

　　在肆虐的洪水面前，并不是没有岿然不动的大堤。细心的人或许会惊讶于这样一种现象：历史上饱受长江、淮河水患影响的江苏省，在是年如此壮阔、如此轰轰烈烈的抗洪斗争中居然无声无息，也很少引起新闻媒体的注意。这并不是洪水对江苏特别的"青睐"，相反，沿江两岸 1000 余公里的江堤，不仅要承受从上游澎湃下泻的洪水，还要时时警惕来自太平洋风暴潮的袭击。江苏有洪水。但是依靠多年来按照抵御 50 年一遇潮位加十级风浪爬高的高标准建设而成的江海堤防的强有力的保护，江苏长江主江堤和主要通江河道，无一处破堤，全省也没有一人在洪水中丧生。江苏确实无洪灾。

江苏的成功就在于他们真正吸取了历史的教训，采取全民投资的办法，大力进行水利基础建设，措施及时而得力。至 1998 年汛前，江苏全省已投资 10 亿多元，占全年计划投入的 91%，建成江堤土方工程 635 公里，完成块石混凝土护堤 335 公里，除险加固病险涵闸 256 座。所有这一切为 1998 年防汛抗灾的胜利打下了坚实的基础。

自然就是这样的公正，谁欺骗了她，谁就注定要受到报复；谁善待了她，谁就会获益无穷。但愿九江那段 60 米长的决口永远尘封在人们的记忆里。

当然，堤防毕竟是堤防，它只是人类抵御洪水的最后一道防线，而不能作为保护人民生命财产的唯一堡垒。逼迫 1998 年中国千百万军民在长江干堤上严防死守、背水一战的，与其说是厄尔尼诺造成的全球气候异常，莫如说是人类自己破坏了抵御洪水的天然屏障。

中华民族自 1949 年从亡国灭种的忧患中英勇地站起来以后，并未能始终理智地处理人与自然的矛盾，而是在相当长的历史时期内重复着，甚至以空前的失误扩大着先人的失误。有资料显示，至 1957 年，历史遗留给长江流域的森林覆盖率尚有 22%，但到了 80 年代中期，森林覆盖率减少了一半。森林涵养水源的能力因之剧减，据估计，仅湖南一省因森林减少而损失的蓄水量即将近 127 亿立方米，约相当于全省境内所有水库的库容。

植被破坏的结果，是水土流失的加剧、河流含沙量的增加。据宜昌站水文资料统计，20 世纪 50 年代长江上游带来的泥沙平均每年 5.22 亿吨，80 年代则增至 6.34 亿吨，比尼罗河、亚马孙河及密西西比河泥沙冲刷量的总和还要多。泥沙的不断淤积，使长江的干流河床大约每 10 年就要抬高 1 米，而每年淤积在洞庭湖的 1.2 亿多吨泥沙，又使湖面以每年 54 平方公里的速度减小，较之 40 多年前，湖底普遍淤高 1～3 米，有的达 7～9.2 米。结果荆江成了"悬江"，洞庭湖也成了"悬湖"。

泥沙的淤积助长了滨湖沿江居民愈演愈烈的围垦活动，而不断加剧的围湖造田又导致泥沙以更快的速度淤积。无数个淡水湖泊便在围垦与淤积的恶性循环中萎缩甚至消失了。曾为我国第一大淡水湖的 800 里洞庭，至 1984 年仅剩下 2145 平方公里，是全盛时期的 36%，是 1949 年的 50%。位居全国第一的鄱阳湖也由新中国成立初的 5600 平方公里缩小到 3859 平方公里，其中被围垦的就有 1301 平方公里。号称"千湖之省"的湖北省，湖泊面积由解放初的 7640 平方公里，减少到 80 年代的 2520 平方公里，不足原来的 1/3。整个长江中下游的湖泊则从 50 年代的 25828 平方公里，下降到 70 年代的 14074 平方公里，年均减少 420 平方公里。

从山地到平原，从上游到下游，从干流到湖泊，长江流域形成了一个巨大的环环相扣的生态破坏链。而支撑起这一链条的主角正是该流域急剧增长的人口。1953 年长江流域的四川、重庆、湖北、湖南、江西、安徽等省市的总人口是 1.703 亿，而到 1997 年则增加到 3.409 亿。短短 44 年中，人口数量翻了一番。在粮食单产的提高还不可能满足日益增长的需求的情况下，向山地的森林要田，向草场要田，向江河要田，便成为人们获取粮食的主要途径。只是他们把斧子带到了山林，把堤坝筑向了江湖深处的时候，他们也把自己带到了一个灾害四起的环境之中。据湖南、湖北两省的防汛总指挥部有关人员介绍，在这次洪灾中被洪水冲垮的数百座堤垸，绝大部分是湖泊内和河道中的沼泽、洲滩上筑堤圈地的民垸。"人不给水以出路，水不给人以活路"，被激怒的大自然已经开始向人类收复失地了。

恩格斯有一句名言"没有哪一次巨大的历史灾难，不是以历史的进步为补偿的。"水灾之后，从沿江滨湖重灾区频频传来的"封山育林，退耕还林"，"退湖还田，平垸行洪"信息，使我们相信在不久的将来，一定会看到一个山清水秀的锦绣河山。

四　末世劫

——1999 年台湾集集大地震

全世界都在战栗不安中度过了 1999 年。

虽然科索沃战争的烽火最终并没有能够使世界大战的历史重演，虽然 400 多年前法国人诺查丹玛斯预言的"恐怖大火"也没有从天而降，而太阳系九大行星的所谓"大十字排列"，也没有像甚嚣尘上的各种谣传所渲染的那样，在预定的 8 月 18 日给地球带来毁灭性的灾难，但频频发自地球深处的怒吼，毕竟还是让人类饱尝了大自然的无情与暴虐：

8 月 17 日，土耳其西部发生 7.8 级地震；

9 月 30 日，墨西哥发生 7 级以上地震；

10 月，美国加利福尼亚州发生 7 级地震；

11 月 12 日，土耳其西北部再次发生大地震，震级 7.2 级，两次地震共造成 1.8 万人丧生，4.5 万人受伤，60多万人无家可归；

9月21日发生在中国台湾的7.7级大地震，其造成的人员伤亡虽然不及土耳其严重，可是在台湾的历史上，却是百年来陆地地震规模最大的一次，而且正值"麻烦制造者"李登辉一手引爆两岸关系政治大地震之际，它在给台湾民众带来巨大灾难的同时，也给两岸关系带来一些微妙的影响。

凄凄惨惨戚戚

这次地震发生的准确时间是9月21日凌晨1时47分，震中位于北纬23.7度、东经121.1度的南投县日月潭附近的集集镇。

由于菲律宾板块的推挤，位处台湾中部的大茅埔双冬断层突然发生错动，尔后在不到5秒钟的时间内将能量迅速传递到车笼埔断层，由此抬升车笼埔断层，并于瞬间释放。

大地震释放的能量相当于38颗原子弹同时爆炸的威力！

大地震的深度只有1公里，几乎贴近地表！

强烈的地震波沿着两大断层急速辐射开去，平日里秀美宁静的地表景观，骤然间如惊涛骇浪般地激荡汹涌起来。断层经过的竹山、名间、南投、中兴新村、草屯、雾峰、车笼埔、太平、大坑到丰原，山崩地裂，溪川变异，北起卓兰、南到竹山，隆起一条80公里长的断层。嘉义县梅山乡的清水溪，因上游山脉位移、碰撞，两侧山体坍塌，至少有两千万方土石倾泻而下，致使80米宽的溪床变成了大土堆。被阻断了的溪水，则形成一处大渊潭，面积约30公顷。

天摇地动之间，矗立于地表的高楼大厦，也在夜幕的掩盖之下摇晃倾圮。有的被夷为平地，有的被连根拔起，有的被拦腰折断，有的像骨牌一样，直挺挺地倒下，一栋压着一栋，没倒的也变得东倒西歪。

天亮之后，人们发现，曾经是那么熟悉的家园，一夜之间面目全非：屋后那座土山，少了一大块表皮；常去光顾的那家茶楼，正压在邻居的房顶上；孩子们喜欢的那个保龄球馆，已变成一团扭曲的钢筋架和一堆瓦砾；一座三层的建筑物，一侧下陷较快，三楼变成了一楼，一侧则是三楼变成二楼。

与断垣残壁同时暴露在晨曦中的，就是一具具罹难者的尸体。当地震发生的瞬间，尚未入睡的居民，先是看到照明逐渐消失，随即陷入一片黑暗，几乎是同时，便是一阵天旋地转。人们惊慌失措，凭着直觉在黑暗中夺门而逃，许多人还没弄明白是怎么回事，就被埋入瓦砾堆中；不少人尚在睡梦中，就被倒塌的建筑物压死或压伤。

在震中南投县，13个乡镇市无一幸免，一幢幢大楼倾塌而下，当日就有500多人被倒塌的房屋压死。集集镇上，一位罹难的父亲，死后还紧抱着3岁爱子，他们本已逃出家门，却又被邻居倒塌的房屋压毙；国姓乡九分二山大崩塌，40多位村民活活埋压在150米高的土方下；距震中最近的埔里镇，死亡181人；处在双冬断层上的中寮乡，死亡178人。

中寮乡后寮坑香蕉车司机陈志平一家的命运大概是最为凄惨的了。虽然他自己因出外装运香蕉而幸免于难，可全家七口人却都在几秒钟之内撒手人寰，而他妻子的腹中，还有一位没出世的婴儿。

同乡的永平村，一位邱姓妇女4岁的女儿和年迈的父母同时埋在瓦砾中。第二天傍晚6时，当救援人员锯钢筋、挖砖块、清石砾、拉木板，终于发现他们时，父亲的五官全被泥沙覆盖，天灵盖破了一个大洞；母亲的尸身倒在旁边，死时还和她的老伴手牵着手；而他们的孙女儿则伏在祖父的背上，只是容貌安详，可能离世之时她还在做着一个好梦呢。

后据官方统计，南投全县死亡人口857名，受伤2421人，10万人无家可归，而因房屋损坏或受余震惊吓露宿屋外的，更多达二三十万人。

台中县并不在震中，但伤亡人数最多，灾情最为严重。截至 10 月 11 日，全县死亡 1131 人，受伤 3606 人。

在受灾最严重的东势镇，有 322 人死亡，1500 人受伤，许多人被集体活埋；光是果菜市场，就发现 298 具尸体。东兰街粤宁里 6 米宽的 58 巷，被滑动的地层挤压成一条缝隙，其中 24 户的三层楼房变成一堆瓦砾，而且分不清原来的方位。位于三民街的王朝大楼，整整 6 栋 14 层高的大厦像骨牌一样倾圮，一栋压着一栋，压在最上面的一栋，连地基也裸露出来。上百名住户中，只有 40 多人逃出。全镇 6 万余人口中，每 40 人中就有 1 人伤亡。

台中县丰原市民黄子卿一家，原本是为人称道的大家族，可是一夜之间，全家 13 口人，除自己和 87 岁的父亲逃过一劫外，83 岁的母亲和其他 10 位至亲均惨遭活埋。黄子卿徒手扒开一砖一瓦，救援人员随后赶来帮忙，但抬出来的却是一具具破碎的尸体。

大坑山区是台中市的主要风景地，位处车笼埔断层带。因受断层挤压，这里的道路、桥梁处处可见隆起、下陷、扭曲变形或龟裂，几乎所有的老式"土角厝"都被夷为平地，睡梦中的居民被压在土块和屋瓦梁柱中，许多人被当场压死。据统计，该区总共有97人死亡，是台中市死伤最惨重的地区。

远离震中的台北市也遭到了地震的袭击，位于信义区和松山区交界处的东星大楼可以说是唯一的灾区。其东侧1至8楼全部陷入地底，只有9至12层浮出地面。楼底板压着楼底板，有如"千层派"，仅仅12层的大楼，就有70人死亡，20余人失踪。罹难者无不血肉模糊，有的只剩断肢残骨，幸存的亲属只能从嘴中的银牙、手上的戒指等物品才能辨认出来。救援人员挖掘时，曾发现一双手，费了好大的劲挖出来，才发现那不是一个人，而是一对夫妻紧抱在一起。也有一家三口紧紧拥抱在一起，难以分开；还有一人，焦黑的手上攥着家人的照片。

"博士的家"属台北县新庄市社区。地震时，一幢12层楼公寓从一、二楼间折断，整幢大楼横躺在地，40多家住户摔得东倒西歪，许多住户全部罹难或失踪，而且直到大楼被拆除，还有6人下落不明。

在云林县草岭村，劫后余生的居民随着"走山"而不知身在何处，更有随着山崩而埋入土堆的，隔了十余天，挖掘十余米，也还不知道尸在何处。一简姓家族共36人，山崩爆炸声中就有29人罹难。邻近的嘉义县梅山乡瑞峰村日落头部落，林裕华一家四口也被活埋在 60 米深的泥土下。在阿里山公路 63.5 公里处，大量石块从山坡上崩下，分住路旁公寮的 20 余名工人夺门而出，几乎人人受伤，刚刚 5 个月的女婴王秀慧不幸被石头击中头部，当场死亡。

然而令人酸鼻的还远不止这些。那些被掩埋在瓦砾堆中依然一息尚存的人们，如果救援及时，也许还有生还的希望。可是由于地震发生在夜间，同时又造成了大范围的停水、停电及交通中断，结果就给救援工作增加了很大的困难。更何况主震之后，余震不断，到 10 月 16 日晚 9 时，大震引发的余震总次数达到 12720 次，其中有感余震 126 次，最大规模达 6.8 级，仅震后 1 天左右即发生 200 多次余震，原本尚可赖以为生的罅隙和空间，又在连续的摇晃和震荡之中愈益扭曲、缩减或夯实，生存的希望自然也变得更加渺茫了。

9 月 21 日上午，台中官邸大楼的废墟里隐隐传来婴儿的啼哭之声和女子救命的呼喊。到次日凌晨 0：50，当救援人员将她们挖出时才发现是一对已赴黄泉的母女。母亲只有 20 岁，女儿才只有 8 个月，虽然母亲的身体有半边已经被压碎，她的双手却还紧紧拥抱着自己的女儿。

来自台湾新闻界的一份报道，还记载了发生在该地的另一幕催人泪下的惨景：

> 在砖瓦之下拼命伸出的双手仅仅被救难人员握住，"一、二、三！"，抬着梁柱、大石的大伙儿一起喊，只望被压住还能活命的幸运儿能就此脱困。在重重土石瓦砾重压之下居然还有生机，震灾后从台北赶到台中救灾、已经几夜没睡的刘文昌眼睛不禁热了起来。这时，地又摇了起来，四五双交缠的手不肯放弃，"就差那么一点了"。地牛却又狠心地翻个身，屋瓦再度塌陷，土石崩落。就那么几秒的迟疑，"快跑！"救难人员只得往后逃。刘文昌一个箭步往前接手，怎奈拖出的身体竟是不忍卒睹，"我就眼睁睁看着那已经爬出一半的躯体被余震断下来的砖墙碎片砸成两截。"

根据台湾官方的统计，在这次大地震中丧生的共有 2200 多人，受伤者 8000 余名。

满目疮痍

台湾省的面积虽然只有 3.6 万平方公里，但它的经济却因其半个世纪以来特别是近数十年的迅猛发展，而与香港、新加坡和韩国并称为"亚洲四小龙"，在亚洲乃至全球经济体系中扮演着重要角色。在前所未有的亚洲金融风暴的冲击下，台湾的经济增长更是凭借其雄厚的外汇储备和在世界上举足轻重的高科技产业的支持而表现不俗，与"四小龙"的其他成员相比，不仅所受影响相对较小，复苏的时间也较快，从而成为亚洲区内的佼佼者。

不幸的是，台湾的经济发展也有它自身的重大隐患。只要翻一翻台湾省的地震灾害分布图，再与台湾经济的区域分布大势作一对照，人们便不难发现，台湾的经济实际上是建立在非常脆弱的地质环境上。由于岛内独特的地形地势——即东部山地、中部丘陵、西部低地平原的影响和制约，台湾的经济，无论是农业还是工业，无论是传统工业，还是高科技产业，均集中于中西部地区。而正是西部地区受地震的威胁最大。

作为处在环太平洋地震带上的一个岛屿，岛内处处都可能受到地震的危害。但东部花莲一带虽然震级高、频度大，但是震源深，对地面破坏较小，造成的经济损失相应也较轻。西部沿海却不同，地势低缓，震源也较浅，因而常常造成比较严重的破坏。据中国地震科学家分析，"9·21大地震"事实上就是西部平原长期累积能量的一次释放，而且是典型的"直下型浅源地震"，就如同一颗炸弹在脚底下爆炸一样，所以对当地的影响也至为惨烈。

当然，与深源地震相比，浅源地震的影响范围要小得多，但覆盖于此的交通网络、通信网络、能源流通网络以及其他生命线工程，毕竟已将这里和整个西部地区乃至台湾全岛紧紧地联系在一起，因此，即使没有地震波的长途奔袭，发生在这里的任何局部的毁灭性破坏，也会借助于现代化经济的一体性迅速形成连锁反应，最终放大地震灾害的恶效应，而且由此引发的间接经济损失比直接经济损失往往还要大得多。古人所谓"牵一发而动全身"，用在这里是最贴切不过了。

即以高科技产业而论，台湾是世界第三大半导体生产区，全球超过 50% 的桌上型电脑、主机板，超过 45% 的笔记本电脑以及超过 12% 的电脑芯片，都是由台湾生产的。而这些电脑产品的主要厂商都集中在有"东南亚硅谷"之称的新竹科学园区。虽然这里远离震中，但地震造成的长达四五天的停电以及工厂管线破裂，精密仪器移位，至少要损失 100 亿元新台币。香港和内地电脑部分配件的价格一时间也因此大幅度上涨。

密布于中西部的铁路、公路、港口等运输系统，损失也极为惨重，据统计必须耗资 101.99 亿元新台币进行抢修、复建。其中公路损失最大，30 条路线594 处交通阻断。大部分桥梁的引道和路基发生不同程度的损害，严重的甚至桥墩倾斜，桥面断落，必须拆除重建。仅仅是修复横贯台湾中部山区的中横公路，不光要耗资 50 多亿元新台币，还要花费 3 年时间才能完工。台湾铁路局西部干线本来是大地震后唯一畅通的线路，由于受余震破坏，也全部瘫痪。台中港遭受了开港以来的最大损失：多处码头沉箱外移，后线储转地地层严重下陷，谷物输送设备及包装厂受损，地下埋设输送道断裂。全部抢修完成需 1 年时间，耗资约 12.5 亿元新台币。

突如其来的大地震，还使台湾 53 个工业区的9000 多家厂商（约占台湾工业总产值 25%）几乎全部停工。而且由于交通断绝，救灾人员和物资不能及时到位，经济损失明显扩大。灾情惨重的埔里镇，酒厂储存的 88 万罐绍兴酒和成万箱白酒，挡不住巨大的挤压，爆炸起火，人们只能眼睁睁地看着酒厂及周围的建筑物被大火吞没。位于高雄市的中钢公司，二号高炉废气回收接头断裂。中北部地区的钢铁、金属及相关产业，因大地震造成的停电而被迫停产。水泥业也几乎全面停产。

据台湾"经济部"工业局统计，15 处工业区因地震造成的损失约为 13.6 亿元新台币。若加上非工业区损失的 46 亿元新台币，整体产业损失将大大高于工业局的估计。按产业类别分，半导体业估计每日损失 7.5 亿元新台币，造纸业原料及厂房设备损失 15 亿元新台币（其中厂房损失 4 亿元，设备损失 8 亿元），机械业厂房损失约 3 亿元新台币，人造纤维业损失约 3 亿元新台币。台湾上市公司中，有 160 多家受地震的影响，估计资产损失 11 亿多元，营业损失 16 亿多元。

台湾的民用建筑设施更是遭到了前所未有的破坏。整个台湾岛约有 600 万户家庭，其中就有 3% 的住户即 20 万户房屋倒塌或裂损，需要拆除重建，以每户平均花费 300 万元计算，重建费用高达 6000 亿元新台币。

除此之外，台湾全省还有 21 座粮仓倒塌，流失稻谷多达 15000 吨。在苗栗县，多处谷仓在大地震中倾倒，一家食品厂 10 座四层楼高的冷藏蓄谷桶被震垮，4000 吨干谷四处狂泻，周围的水沟、农田、野地、公路，都铺满了谷子。新竹县竹北、新埔两处谷仓倒塌，谷物和谷仓支架覆盖在公路上，使交通中断 18 小时。

历经沧桑的古建筑也终于难逃一劫。鹿港龙山寺属一级古迹，它的建制规模赢得了"台湾紫禁城"的美誉。地震中，山门内的八角柱位移，墙壁爆凸，屋脊崩裂。刚花费数亿元进行了维修的雾峰林宅，其中的宫保第，是清代水师提督的官邸，四进四落，古色古香，这组建筑在大地震中全部倒塌，只有门前的两只石狮子，凄楚地横卧在夕阳之下。台湾中部最著名的风景胜地日月潭，更由原来的气象万千一变而为疮痍满目：文武庙成了破庙，慈恩塔变成了斜塔，潭中央的光华岛四分五裂，连潭水水位也下降了6尺多，不复以往的磅礴气势。

旅游景观的毁坏，加上地震带来的恐惧，又摧毁了台湾的旅游业，外来游客人数急剧减少。以旅游观光为支柱的旅馆在地震之后陆续收到了外国旅游团取消行程的电话。酒店的聚餐、记者会、各式会议相继取消，许多酒店每天的损失在数百万元新台币以上。

据粗略估计，大地震造成的财产损失至少1万亿元新台币，约相当于岛内生产总值的10%。按台湾当时2000万人口计算，每人分摊5万元，损失可谓惨重。

不过，对灾区数十万幸存的民众来说，因水、电、能源、住房及交通等生命线工程的巨大破坏而使他们感受到的生存威胁，要远比上述经济损失来得更为迫切。

在台中地区，首先是输水管线被震裂，继而余震又震垮了石冈水坝，致使三处闸门严重下陷，作为水源的蓄水，一夜之间流尽，200万人的用水只能靠59口深水井来供应。全台湾1/5的用户处于缺水状态，其中台中、南投、彰化等地区情况尤为严重，有的地方不得不采取措施分区供水。

地震中，全岛2/3用户（约650万户）的电力供应中断，多处发电设备受损，彰化以北地区一片漆黑。

停水、停电，又断了煤气，很多灾民一家的吃喝都没有着落，即使买到了方便面，也找不到热水冲泡。

房倒屋塌，余震不断，50多万居民为安全起见，只好露宿户外。许多学校、广场、公园甚至马路边都成了临时避难所。有的撑起了小帐篷，有的在树枝间拉起了尼龙布，有的干脆睡在小汽车或小型货车里。露宿点周围到处都是垃圾，有限的粪坑里粪便四溢。因此"卫生署"提醒灾民在停水期间不要喝生水，陆军救灾指挥中心也派出防化兵对灾区进行全面消毒。

9月27日傍晚，大雨夹杂着冰雹倾盆而下，对本来就风餐露宿的灾民来说无疑是雪上加霜。即使不下雨，由于昼夜温差大，露宿街头的灾民一早醒来，被子、头发上也都是露水，很多人患了重感冒和皮肤病。

遇难者的境况更加不幸。在南投县，由于死亡人数太多，医院的太平间和殡仪馆的冰柜早已不敷应用，人们只好把尸体用白布覆盖，放在医院外的马路边。台中市殡仪馆的设备在平时是很充足的，然而在首批地震死者送抵后，停尸间的冷柜即告爆满，继而送抵的，只能安置在举行丧礼的礼堂，席地而放。不久，数百具尸体占满了各个礼堂，后来者甚至只能露天停放。由于断水、断电及缺少冰库处理，一阵阵尸臭扑鼻而来。

死者长已矣，生者且奈何？

同胞情未了，人祸几时休

海峡两岸同胞骨肉相连，台湾同胞的灾难和痛苦牵动着全国人们的心。

"9·21"大地震爆发的当天，国家主席江泽民在上午10:00即向台湾地区发去慰问电，表示大陆愿意为减轻地震灾害损失提供一切可能的援助。国务院台湾事务办公室、台盟中央、全国台联等组织以及海协会会长汪道涵、香港特别行政区行政长官董建华、澳门特别行政区行政长官何厚铧等都纷纷发去慰问电，中国红十字会还向台湾红十字会提供了10万美元的紧急援助。

9月22日，中国红十字会已将救灾物资准备就绪，随时可以运往台湾。中国地震局迅速成立了由资深专家组成的小组，配备了现场流动监测仪器等设备，等待赴台。

9月23日，中国红十字会秘书长致函台湾红十字会秘书长，再次表示给台湾的受灾同胞以全力支援的心愿，还请台湾红十字会尽快采取措施，使10万美元紧急救援款和50万元人民币的救灾物资能尽快到达灾区。

与此同时，香港特别行政区派出有由16名消防队员组成的救援队，带着价值上亿元的救援仪器，赶赴台湾。为帮助受灾的台湾同胞重建家园，香港无线电台举办赈灾筹款晚会，共筹得近1000万港元。到10月10日，香港各界捐给台湾灾区的款项已超过9000万港元。

大地震后，全世界人民也都向台湾伸出了援助之手，联合国、国际红十字会以及美国、韩国、新加坡、日本、泰国、俄罗斯、土耳其、英国、德国、捷克、西班牙、加拿大、瑞士、奥地利等14个国家总

计派出 518 人和 51 只搜救犬投入救援。泰国和欧盟
还分别决定拨款 100 万泰铢（约合 25000 美元）及
50 万欧元进行赈灾。此外，匈牙利、菲律宾、法国、
荷兰、澳大利亚、以色列、南非等国，都表达了派团
去台湾救援的意愿。

在大灾面前，广大台湾民众表现出了很高的风
格。台湾大地震发生后，由于需要紧急救治的伤员特
别多，医院血浆一度供不应求。消息传出后，大量的
捐血者涌向捐血站，各捐血站人员爆满，有人排了 4
个小时队，也毫无怨言。一时间，全省库存血量超过
5 万袋，为平日存量的两倍半。在受灾严重的地区，
各种社团组织、宗教团体、专业团队以及民众自发组
织的赈灾专车，从全岛各地源源不断地赶来，送来的
衣服、棉被、粮食、矿泉水堆积如山。

这些支援对灾区人民来说，都可称得上雪中送炭。

遗憾的是，对于祖国大陆的款款真情，台湾方面
并没有积极回应，准确地说是予以拒绝。他们虽然表
示愿意接受救灾款，却委婉拒绝了派员救灾的建议。
9 月 24 日，当大陆海协会询问台湾海基会是否需要
"要求联合国对台湾地震灾区启动国际救援行动"时，
后者的回函只有 8 个字：谢谢。请转告："不用了。"
这是海基会给海协会的最短函件。

台湾当局对祖国大陆紧急支援的决绝态度，与其救灾行动迟缓和不力形成鲜明的反差。特别是在两岸关系上不断制造麻烦的李登辉的表现尤为拙劣，这一点在李氏地震期间的日程活动中可以看得清清楚楚。

地震过后整整 72 小时，李登辉才下令成立"9·21 地震救灾督导中心"，并指派连战负责。

9 月 25 日 21 时，地震发生后四天，李登辉发布抗震救灾紧急救援令，决定在南投县、台中县实行筹措重建财源、简化行政程序等 12 项措施，为期 6 个月。这是台湾 50 年来第四次发布紧急命令。民进党和新党指责这个姗姗来迟的"紧急命令"，是"急惊风遇到了慢郎中"。

9 月 26 日上午，李登辉乘飞机到南投县埔里镇视察灾情。其直升机队在埔里"国中"操场降落时，螺旋桨造成的强大气流将操场旁的一棵大树刮倒，树干击中 5 人，5 岁女童赖怡君伤重不治而死亡。李登辉闻讯后表示抱歉和遗憾，指示从优抚恤。一位灾民的帐篷也被直升机吹倒，这位灾民愤而质问李登辉，李竟然恼怒异常，气冲冲地说："那你要我怎样？我是为大众，不是为你一个人。"

10 月 11 日上午 10 时，"9·21"大地震追悼大会在林口体育馆举行，李登辉致悼词，要求台湾民众

"走出悲伤"，面向未来，然而迄至此日为止，台湾当局救灾措施尚未完全定案。

虽然以当时的科技水平，人类的确没有准确预测地震发生的能力，但并非没有蛛丝马迹可循。早在1998年嘉义瑞里发生规模6.2级的大地震时，气象局以及学者专家都再三警告，这一地区仍然有发生大地震的可能性。1999年3月底，台湾气象局再次提醒各界，台湾东部地区与嘉南平原发生规模6级以上大地震的可能性高，但是这些警告都没有引起台湾当局的注意。

工程质量低劣也是造成大量人员伤亡的原因。在地震中倒塌的大楼，楼龄都不长，有的才盖起来6年。许多裸露出来的钢筋和水泥，规格与成分不足；有的断壁中胡乱填塞着瓶子和铝罐。这些"豆腐渣工程"已经引起岛内民众的公愤，人们纷纷要求严惩不法建筑商和建筑师。

所以，台湾媒体一针见血地指出，地震是天灾，但也有人祸。

在天灾中，从南到北，那些被认为是经济增长和现代化象征的高楼大厦，顷刻之间土崩瓦解；原以为找到了安身立命之所的人们，被困在断壁残垣中求生不得。台湾的脆弱性充分显示了出来。

主要参考文献

安徽地震局. 中外典型震害. 北京: 地震出版社, 1985.

安徽省地方志办公室编著. 安徽水灾备忘录. 合肥: 黄山书社, 1991.

Ashton, Basil, Kenneth Hill: *Famine in China, 1958—1961, Population and Development Review*, vol. 10, No.4, 1984.

（美）白修德. 中国的惊雷. 北京: 新华出版社, 1988.

薄一波. 若干重大决策与事件的回顾. 北京: 中共中央党校出版社.

蔡廷锴. 蔡廷锴自传. 黑龙江人民出版社, 1982.

陈源. 潮汕东南沿海飓风纪略. 1922年印行.

澄海救灾善后公所编. 澄海救灾善后公所报告书. 1922年印行.

丛进著. 1949～1989年的中国·曲折发展的岁月. 河南人民出版社, 1991.

邓禹仁. 唐山地震之谜. 北京: 地震出版社, 1986.

督办广东治河事宜处编. 督办广东治河事宜处报告书. 1915年印行.

杜一主编. 灾害与灾害经济. 北京：中国城市经济社会出版社，1988.

方樟顺著. 周恩来与防震减灾. 北京：中央文献出版社，1995.

傅上伦，胡国华，冯东书，戴国强等著. 告别饥饿——一部尘封十八年的书稿. 北京：人民出版社，1999.

夫文斌著. 文明初曙·近代天津盐商与社会. 天津：天津人民出版社，1999.

广东地方自治研究社编. 筹潦汇述. 1918 年印行.

广东省政府编. 广东省救济民食计划方案. 1943 年 3 月 1 日刊行.

广东省政府编. 本省水灾之急赈与善后. 1947 年 7 月 12 日印行.

广东省政府粮政局. 最近救荒工作实录. 1943 年 5 月 20 日编印.

广东省文史研究馆编. 广东省自然灾害史料. 1963 年印行.

广州行业工商联合会. 广州行业工商联合会救济水灾录. 1947 年 7 月印发.

广州市档案馆编. 1943、1946 年广东旱情资料汇辑. 1963 年印行.

国家地震局主编. 一九七六年唐山地震. 北京：地震出版社，1982.

国民政府救济水灾委员会. 国民政府救济水灾委员会报告书. 1932 年印行.

韩江工程队编. 韩江下游卅六年度灾区办赈概况. 1947 年印行.

韩素音著．韩素音自传·吾宅双门．北京：中国华侨出版社，1991．

河北省地震局．1966年邢台地震摄影纪实．石家庄：河北美术出版社，1986．

洪庆余主编．中国江河防洪丛书·长江卷．北京：中国水利水电出版社，1998．

和洪水搏斗的武汉人民．武汉：湖北人民出版社，1955年编印．

胡明思，骆承政主编．中国历史大洪水．北京：中国书店，1992．

淮河水利委员会编．中国江河防洪丛书·淮河卷．北京：中国水利水电出版社，1996．

黄河水灾救济委员会．黄河水灾救济委员会报告书．1933年印行．

江苏教育委员会德育办公室编．万众一心——'98抗洪斗争录．南京：江苏人民出版社，1998．

金冲及，胡绳武著．辛亥革命史稿．上海：上海人民出版社，1985．

金辉著．三年自然灾害备忘录．见：社会．1993年第4—5期．

"抗洪英雄专号"，华夏英才·全国卷·八．北京：红旗出版社，1998．

康沛竹．灾荒与晚清政治．中国人民大学清史研究所1996年博士论文．

李成瑞著．"大跃进"引起的人口变动．见：中共党史研究．1997年第2期．

李寿和著．三峡前奏曲——荆江分洪大特写．武汉：

长江文艺出版社，1998.

李文海著. 世纪之交的晚清社会. 北京：中国人民大学出版社，1996.

李文海，程歗，林敦奎，官明著. 近代中国灾荒纪年续编·1920～1949. 长沙：湖南教育出版社，1993.

李文海，程歗，刘仰东，夏明方著. 中国近代十大灾荒. 上海：上海人民出版社，1994.

李文海，林敦奎，周源，官明著. 近代中国灾荒纪年. 长沙：湖南教育出版社，1990.

李文海，周源著. 灾荒与饥馑·1840～1919. 北京：高等教育出版社，1991.

梁玉骥，傅后闽，王顺等著. 台湾大地震目击记. 北京：经济日报出版社，1999.

林鸿荣. 历史时期四川森林的变迁. 见：农业考古. 1986年第1期.

林乐志. 邢台地震对策及其社会学研究. 北京：地震出版社，1993.

林毅夫著. 制度、技术与中国农业发展. 上海：上海人民出版社，1994.

吕廷煜，韩莺红著. 中华人民共和国历史纪实·艰难探索. 北京：红旗出版社，1994.

骆承政，乐嘉祥主编，中国大洪水. 北京：中国书店，1996.

梅桑榆著. 花园口决堤前后. 北京：中国广播电视出版社，1992.

孟昭华，彭传荣著. 中国灾荒史（现代部分）1949～1989. 北京：水利电力出版社，1989.

齐东飞著．洪灾启示录．北京：中国人民大学出版社，1992．

钱钢．唐山大地震：7·28劫难十周年祭．北京：解放军文艺出版社，1986．

钱钢，耿庆国主编．二十世纪中国重灾百录．上海：上海人民出版社，1999．

乔林生，程文胜著．中国大抗洪．长征出版社，1998．

人民日报出版社编．'98中国抗洪图．北京：1998年9月编者刊．

人民日报出版社编．强大的凝聚力——人民日报抗洪抢险评论集．北京：1998年9月编者刊．

沙市荆报社主编．荆沙水灾写真．1935年9月印行．

汕头存心善堂．韩江六月水灾灾情报告．1947年印行．

汕头赈灾善后办事处编．汕头赈灾善后办事处报告书．1922年印行．

世界红十字会各地联合救济队承启总监理部编．天津水灾暨河北各灾区赈救总报告．1940年6月发行．

水利部黄河水利委员会本书编写组．黄河水利史述要．北京：水利出版社，1982．

水利部治淮委员会本书编写组．淮河水利简史．北京：水利电力出版社，1990．

四川省气象局资料室编．四川省近五百年旱涝史料．1978年编印．

联合报．震殇——9·21集集大震．台湾，1999年10月编印．

瞬间与十年——唐山地震始末．北京：地震出版社，1986年．

Upton Close & Elsie Mccormic, *Where the Mountains Walked, The National Geographic Magazine*, vol.12, 1922.

王方中. 1934 年长江中下游的旱灾. 见：近代中国. 第 9 辑. 1999 年 6 月.

王文杰等著. 决胜三江——人民解放军和武警部队 '98 抗洪纪实. 北京：解放军出版社，1998.

伪哈尔滨特别市公署编. 壬申哈尔滨水灾纪实. 1933 年印行.

魏宏运. 1939 年华北大水灾述评. 见：史学月刊. 1998 年第 5 期.

（美）彭尼·凯恩（美）著. 中国的大饥荒（1959— 1961）. 北京：中国社会科学出版社，1993.

吴丈蜀著. 洪水淹不了人民的武汉. 通俗读物出版社， 1955 年 8 月.

Wu Yu-lin, Memories of Dr. Wu Lien-teh: *Plague Fighter, Singapore: world Scientific*, 1995.

夏明方著. 民国时期自然灾害与乡村社会. 北京：中华书局，2000.

香港东华三院两广水灾筹赈会编. 香港东华三院筹赈两广水灾特辑. 1947 年印行.

萧克，李锐，龚育之等著. 我亲历的政治运动. 北京：中央编译出版社，1998.

益坚编. 四川荒旱特辑. 重庆中国银行 1937 年印行.

张謇研究中心，南通市图书馆等编. 张謇全集（二、四、六）. 南京：江苏古籍出版社，1994.

章开沅著. 开拓者的足迹·张謇传稿. 北京：中华书局，1986.

章开沅，林增平主编．辛亥革命史·中册，北京：人民出版社，1980．

樟林救灾公所编．澄海樟林八二风灾特刊．1922 年印行．

张树藩著．信阳事件·一个沉痛的历史教训．见：百年潮．1998 年第 6 期．

张水良著．中国灾荒史（1927～1937）．厦门：厦门大学出版社，1993．

张希昆，严双军著．中国大洪灾．1991 年特大洪涝灾害纪实．北京：地震出版社，1993．

中共中央文献研究室编．刘少奇年谱（下卷）．北京：中央文献出版社，1996．

中国科学院国情分析研究小组著．生存与发展．北京：科学出版社，1989．

中华人民共和国统计局，民政部编．1949～1995 中国灾情报告．北京：中国统计出版社，1995．

中山旅省同乡救灾会．视灾专刊．1937 年印行．

中央气象局气象科学研究院主编．中国近五百年旱涝分布图集．北京：地图出版社，1981．

周秋光著．熊希龄与慈善教育事业．长沙：湖南教育出版社，1991．

周秋光编．熊希龄集（中、下）．长沙：湖南出版社，1996．

珠江水利委员会编．珠江水利简史．北京：水利电力出版社，1990．

广东一周间·曲江．1943 年刊行．

人民日报

光明日报

安徽日报
河南日报
河北日报
长江日报
中国青年报
中国减灾报

后　记

　　中国是一个灾荒的国度，就连"立象以尽意"的古汉字体系的发生与演变，经古文字专家的考索，似乎也与远古时期"尧遭洪水"的境遇息息相关。

　　本套丛书以重大灾害为线索，以求对百年来的中国自然灾害作全景式的叙述和描绘，但由于我们的笔力和思维的局限，使得字里行间对有关问题的描述和思考难免幼稚或有欠老到，但这些所涉及的历史的一瞬，毕竟组合成了 20 世纪中国的另一面"真相"。当然，即便是把 20 世纪所有的灾害记录都收罗起来，恐怕也不足以反映 20 世纪中国灾害的全貌。

　　幸运的是，以重大灾害串起来的 20 世纪，也并非全然是一幅幅叫人黯然神伤的凄惨景象。毕竟，这个世纪的另一半，或者说我们在其间生活过的这半个世纪，我们这个民族终于走上了全面振兴的康庄大道，虽然其间也有曲折，也有一时的动荡，但民族复兴的伟大车轮已然将它们远远地抛开了。诚如李文海先生指出的，自然灾害并没有因为新制度的建立而敛迹，但新制度的建立和完善，毕竟为生活在同一片国土上的人民战胜自然灾害提供了前所未有的精神条件、制度保障和物质基础，旧中国那种每灾必荒的时代已经是一去不复返了。这虽然并不意味着我们可以对自然灾害掉以轻心，但至少可以给我们以心灵上的慰藉，使我们在未来与自然灾害作斗争的过程中不会丧失了勇气与信心。

也正是因为这样的事实，呈现给读者的这部书也就显得有点"厚古而薄今"了。无论是书中描写的灾害的次数，还是篇幅的大小，在比例上，20 世纪的前半叶显然都超过了后半叶。老实说，当我们编完了这套图书再来重新翻检它们时，我们在很大程度上已经失去了最初有过的那种心灵上的震颤和重创之感，这大约也就是所谓的"曾经沧海难为水"吧。但愿这样一种平静的感觉，不是一种精神上的麻木和思维的钝化，而是我们在进入新世纪进行新一轮更加艰苦的理论探索之前的一种必要的寂静与沉默。

如果亲爱的读者读完本书之后，能够对我们这个民族在过去的一百年中曾经经历过的自然灾难有所了解，进而能够从繁杂的日常事务和火红的生意之中抽出一点点闲暇，思考一下这些灾难发生的因缘和救治的途径，并增加一点减灾防灾的意识，那么，对编者来说，于愿亦足矣。

从某种意义上来说，这部书稿也是李文海先生主持下的"中国近代灾荒研究课题组"的系列读物之一。作为顾问，李文海先生、程歔先生为本书的撰写提出了极富价值的指导性意见，本书的部分内容也是在李先生领衔撰著的《中国近代十大灾荒》的基础上缩改而成的。来自人民大学、北京大学、中山大学及其他兄弟单位的同人为其他各篇撰写了初稿。其中，《天降奇祸》第一、二篇由朱浒撰写，第三、八篇由张文苑撰写，第四、五、七、九、十篇由夏明方撰写，第六篇由徐妍撰写；《天堂炼狱》中的第九、十篇由张文苑撰写，第一、六、七、八篇由夏明方撰写，第五篇由徐妍撰写，第二至四篇由杨剑利撰写；《初缚苍龙》第一、二、三篇由董江爱、王磊、冯雅新撰写，第四篇由李守森、康松乔撰写；《风雨同舟》第一、三、四篇由何树宏撰写，第二篇由康沛竹、贺春扬撰写，这里一并表示感谢。当然，为了统一书稿的体例和文风，大部分初稿均由主编作了一些调整和修改，其文责亦应由主编承担。此外，关于文中的度量单位，每篇除引文部分保持原貌外，力求作统一处理；各篇之间，因资料来源驳杂，各时期、各地区使用情况不一，未尽一致，由此带来阅读上的不便，请读者原谅。本书撰写时参考了大量相关的文献和论著，因体例的限制未能一一注明，只是以参考文献的形式列出，在此谨向各著作者表示诚挚的歉意。

编者谨识